远程办公效率手册

@周燕华　齐冬梅　周文浩　著

人民邮电出版社
北京

图书在版编目（CIP）数据

远程办公效率手册 / 周燕华，齐冬梅，周文浩著
. -- 北京 : 人民邮电出版社，2020.8
ISBN 978-7-115-54138-3

Ⅰ. ①远… Ⅱ. ①周… ②齐… ③周… Ⅲ. ①办公自动化－应用软件－手册 Ⅳ. ①TP317.1-62

中国版本图书馆CIP数据核字(2020)第091495号

◆ 著　　周燕华　齐冬梅　周文浩
责任编辑　赵　轩
责任印制　马振武

◆ 人民邮电出版社出版发行　北京市丰台区成寿寺路 11 号
邮编　100164　电子邮件　315@ptpress.com.cn
网址　https://www.ptpress.com.cn
固安县铭成印刷有限公司印刷

◆ 开本：700×1000　1/16
印张：13.5　　2020 年 8 月第 1 版
字数：286 千字　　2024 年 7 月河北第 2 次印刷

定价：59.00 元

读者服务热线：(010)81055410　印装质量热线：(010)81055316
反盗版热线：(010)81055315
广告经营许可证：京东市监广登字 20170147 号

前言

随着信息技术的飞速发展，经济全球化趋势的不断加强，传统企业的管理模式已经难以满足企业需求，企业迫切需要转变管理模式，尤其是互联网企业，办公室分散在世界各地，办公模式多为远程办公和分散办公。从长远来看，远程办公将融入其他行业并逐渐成为未来办公的一种发展趋势。目前市面上的远程办公软件种类繁多，各种办公软件都有其独到之处：有的软件功能小而美，用来解决特定问题；有的软件功能大而全，用来解决企业人员管理、业务管理和资源管理等一系列问题。本书从简单的云盘软件讲起，到涵盖几乎所有办公使用场景的协作套件，帮助读者由浅入深地了解不同场景下的远程办公软件。

全书分为 8 章。

第 1 章办公形态的革命，从传统办公讲起，分析传统办公遇到的挑战以及远程办公的优势，用一张图展示市面上的一些远程办公软件及其特点，帮助读者了解远程办公。

第 2 章远程办公高手快速养成，简单介绍一些远程办公软件，帮助读者快速从本书找到所需内容。

第 3 章云盘软件，讲解了奶牛快传、百度网盘、坚果云和亿方云的典型特点及基本操作，并根据软件的特点设置使用场景案例。

第 4 章在线文档软件，讲解了石墨文档和 WPS+ 云办公的特点、基本操作以及相应的使用场景。

第 5 章在线会议软件，讲解了腾讯会议和 Zoom 的特点、基本操作以及相应的使用场景。

第 6 章远程控制软件，讲解了 QQ 的远程控制功能、TeamViewer 和向日葵的特点、基本操作以及相应的使用场景。

第 7 章项目管理软件，讲解了 Trello、Tower 和 Teambition 的特点、基本操作以及相应的使用场景。

第 8 章协作套件，讲解了钉钉和飞书的特点、基本操作以及相应的使用场景。

本书特色

1. 从软件操作到应用场景，帮助读者快速上手远程办公。

在软件操作部分，精心讲解软件最常用的功能，帮助读者从整体了解软件。在应用场景案例部分，通过典型案例让读者掌握软件的实际用法。

2. 扫描二维码，观看应用场景案例视频。

书中应用场景案例部分设置了二维码，扫描二维码可以随时随地观看应用场景案例视频。

本书资源

加入 qq 群（群号：1018339647），获取九大学习资源库：1600 分钟电脑系统视频、300 分钟高效运用视频、100 分钟 Excel 进阶视频、2100 个 Word 办公文档、1980 个办公必备表单模板、2220 个 PPT 模板、3 套系统电子书、8 套高效办公电子书以及 7 套常用查询手册。

由于软件升级速度较快，所以书中涉及的软件可能与用户使用的软件版本有所不同，界面会存在差别，但是操作差异不会太大，不会影响读者学习。

本书在撰写过程中难免会出现疏漏之处，还请读者指正。

目录

第1章 办公形态的革命

002 1.1 传统办公到远程办公
002 1.2 远程办公的四大优势
003 1.3 一图看懂远程办公场景

第2章 远程办公高手快速养成

007 2.1 云盘软件——无论身在何处，文件触手可及
007 2.1.1 奶牛快传
008 2.1.2 百度网盘
008 2.1.3 坚果云
009 2.2 在线文档软件——版本管理不再抓瞎
009 2.2.1 石墨文档
010 2.2.2 金山文档
011 2.3 在线会议软件——高效而低成本的沟通
011 2.3.1 腾讯会议
011 2.3.2 Zoom
012 2.4 远程控制软件——随时随地解决技术问题
012 2.4.1 TeamViewer
012 2.4.2 向日葵
013 2.5 项目管理软件——ODC 三板斧，人人都是项目经理
013 2.5.1 Trello
014 2.5.2 Tower
014 2.5.3 Teambition
015 2.6 协作套件——远程办公工具的综合运用
016 2.6.1 钉钉
016 2.6.2 飞书

第3章 云盘软件——无论身在何处，文件触手可及

018 3.1 奶牛快传
018 3.1.1 下载、注册和登录
019 3.1.2 上传文件
020 3.1.3 分享文件

020 3.1.4 下载文件
020 3.1.5 奶牛快传的应用场景：传输紧急文件
021 **3.2 百度网盘**
022 3.2.1 下载、注册和登录
023 3.2.2 上传文件
025 3.2.3 下载文件
025 3.2.4 分享文件
026 3.2.5 百度网盘的应用场景：分享文件
027 **3.3 坚果云**
027 3.3.1 下载、注册和登录
030 3.3.2 同步文件
031 3.3.3 分享文件
031 3.3.4 管理文件
032 3.3.5 坚果云的应用场景：多人协作同步文件
032 **3.4 亿方云**
033 3.4.1 下载、注册和登录
034 3.4.2 管理文件
035 3.4.3 分享文件
036 3.4.4 管理权限
037 3.4.5 亿方云的应用场景

第4章

在线文档软件——版本管理不再抓瞎

041 **4.1 石墨文档**
041 4.1.1 石墨文档的注册和登录
043 4.1.2 石墨文档的基础功能
053 4.1.3 石墨文档的应用场景
058 **4.2 WPS+ 云办公**
058 4.2.1 WPS Office
086 4.2.2 金山文档
094 4.2.3 企业管理后台
095 4.2.4 WPS+ 云办公的应用场景

第5章

在线会议软件——高效而低成本的沟通

100 **5.1 腾讯会议**
100 5.1.1 下载、注册和登录
101 5.1.2 发起会议
101 5.1.3 加入会议
102 **5.2 Zoom**
103 5.2.1 下载、注册和登录
103 5.2.2 发起会议
104 5.2.3 加入会议
105 **5.3 腾讯会议的应用场景：商业计划讨论**

第6章 远程控制软件——随时随地解决技术问题

108 6.1 QQ的远程控制功能
108 6.1.1 下载、注册和登录
109 6.1.2 远程控制
109 6.2 TeamViewer
110 6.2.1 下载、注册和登录
111 6.2.2 远程控制
111 6.3 向日葵
111 6.3.1 下载、注册和登录
112 6.3.2 远程控制
112 6.4 向日葵的应用场景：安装电脑软件

第7章 项目管理软件——ODC三板斧，人人都是项目经理

115 7.1 Trello
115 7.1.1 下载、注册和登录
117 7.1.2 创建看板
119 7.1.3 邀请成员
120 7.1.4 创建列表
120 7.1.5 创建任务（卡片）
121 7.1.6 设置任务详情
123 7.1.7 卡片任务的评论功能
124 7.2 Tower
124 7.2.1 下载、注册和登录
126 7.2.2 创建看板
127 7.2.3 邀请成员
130 7.2.4 创建任务清单
132 7.2.5 创建任务
133 7.2.6 设置任务详情
135 7.3 Teambition
135 7.3.1 下载、注册和登录
137 7.3.2 创建项目
138 7.3.3 邀请成员
139 7.3.4 创建状态（列表）
141 7.3.5 创建任务
141 7.3.6 设置任务详情
143 7.4 Trello的应用场景：管理学习进度

第8章 协作套件——远程办公工具的综合运用

146 8.1 钉钉
146 8.1.1 下载、注册和登录
147 8.1.2 企业管理
161 8.1.3 实名认证
161 8.1.4 直播和会议
163 8.1.5 日常考勤
163 8.1.6 创建日程
166 8.1.7 智能人事

169 8.1.8 智能办公应用
176 8.2 飞书
176 8.2.1 下载、注册和登录
177 8.2.2 团队管理
183 8.2.3 发起会议
185 8.2.4 聊天信息管理
189 8.2.5 创建在线文档
190 8.2.6 考勤打卡
193 8.2.7 云空间
193 8.2.8 工作汇报
194 8.2.9 日历
198 8.3 钉钉的应用场景
198 8.3.1 开创线上公司
201 8.3.2 作者们的工作日常
203 8.3.3 企业子管理员
203 8.3.4 管理员小李的管理工作
204 8.3.5 日常的管理工作
205 8.3.6 请假申请
205 8.4 远程办公软件的综合应用场景

第1章

办公形态的革命

从传统办公到远程办公，从办公场所到沟通方式，办公形态发生了翻天覆地的变化。

1.1 传统办公到远程办公

传统办公的办公场景比较单一，主要是在办公室中进行工作，难以解决外勤业务、紧急事务处理等多样的场景需求。同时，因使用场景的局限，导致邮件、审批等批复不及时，过于注重流程和规范，反而造成工作效率低下。

在传统企业管理模式下，信息交流方式通常是上传下达，各办公系统相对独立。员工办公过程中只会涉及与自己业务密切相关的部分，不同办公系统之间互不了解，互不沟通，导致企业资源无法实现共享，仅在部门内流动，无法突破空间的各种限制最大化地利用企业资源。

传统的办公模式主要是通过人力来解决企业各种办公事务，员工不得不为解决各种沟通上的问题而四处奔波，这就导致在工作过程中大量的时间都浪费在了路上，很多需要紧急处理的事情无法得到及时解决，在一定程度上会造成信息的处理和反馈不及时。

在传统办公过程中，为了满足企业即时沟通的需求，很多企业只能选择微信、QQ 等即时通信工具，导致员工的工作和生活难以分开，而且在通信工具中传输公司的各种文件和资料也使得公司内部的信息无法得到安全保障。

随着信息技术的飞速发展，经济全球化趋势的不断加强，企业需要优化管理模式。越来越多的企业为了适应新经济时代的生存环境，对企业管理模式进行改革，尤其是互联网企业，现在已经呈现远程办公、家庭办公和分散办公的趋势。

一方面，随着企业规模的扩大，走上国际化道路，企业的分支机构、合作伙伴遍布全球，各种业务往来，使异地办公方式大行其道，员工需要频繁的出差，这就使人们对移动通信、移动办公的需求越来越强烈。另一方面，企业规模的扩大必然会导致人员冗余，为精简机构、提高工作效率、降低办公成本，越来越多的企业开始选择让员工在家办公。个人电脑和互联网应用技术的普及，也为远程办公提供了必要的条件。

综上所述，远程办公将是未来企业管理、公司办公模式的一种不可避免的发展趋势。

1.2 远程办公的四大优势

所谓远程办公，指的是多人同时在不同的地点共同完成同一项任务的工作方式。互联网通信技术的发展，为远程办公提供了必要的技术基础，与传统办公相比，远程办公具有运营成本低、办公效率高、更完善的人才体系和异步协同四大优势。

首先是低运营成本，与传统办公相比远程办公大大降低了企业的运营成本。传统企业为了部门内部保持沟通顺畅，会租用一个固定的工作场所，让员工在同一空间内方便快捷地进行沟通，场地租金是企业的支出大头。而远程办公则使用“云”取代办公室成为新的工作场所，增加了企业对办公场地的选择空间，让企业布局多元化、低投入化、去中心化发展。在远程办公时，员工只需要拥有能够联网的手机、电脑等终端设备，即可在任何地方进行视频沟通。同时远程办公也支持非正式的沟通形式，例如飞书的线上办公室功能，通过实时语音的方式高度还原办公室工作和沟通的场景，在保证沟通顺畅的同时降低了企业运营成本。

其次是节省时间，提高办公效率，传统办公受办公地点的限制，员工不得不忍受几个小时的通勤时间，远程办公可以让员工在家中“一步到位”，不用浪费大量的时间和精力在上班的路上。同时远程办公更加注重 OKR（Objectives and Key Results，目标与关键成果法）目标管理，也就是工作过程不可知，更注重目标和结果，让员工自己寻找实现路径和解决办法，从而提高工作的积极性。为提高工作效率远程办公软件也做了很多有针对性的功能，如共享日历可以在准备会议上直接看到参会者的空闲时间，通知进行线上视频会议，不用反复确认日程，减少了沟通成本。线上视频会议不受时间、地点的限制，面对面的进行沟通，可高效解决工作中出现的任何问题。

再次是人才体系更完善，人才是企业发展的基础，能否招到合适的人并把他培养好对企业的发展至关重要。传统招聘方式受到地域和流程的限制，有些人会因此而放弃某些岗位，不利于企业人才的引进，而远程办公可以不受地域限制的招聘人才，整个流程都可以在网络上进行，极大程度上缩短了人才引进的周期。

最后是异步协同，远程办公在线上完成工作的同时也将整个过程留存到了线上，留存在线上的资源可以成为企业整体的资源。例如，飞书提出的以在线文档为核心的飞阅会，会议整个内容和讨论过程都被记录到在线文档中，即便是没有参与会议的人也可以在会后通过会议文档了解会议内容。总之通过各种线上办公软件员工可以快速参与到新的工作中，同时能够更加灵活地安排自己的工作时间。

1.3 一图看懂远程办公场景

根据远程办公过程中不同的使用场景，在下图中展示了一些市面上比较典型的远程办公软件，如图 1-1 所示。

一图看懂远程办公场景
云盘软件
奶牛快传
一款在线大文件传输服务的云盘工具，无需下载注册，即用即走
百度网盘
一款使用非常广泛的网盘工具，用户可以将重要文件上传到网盘上进行备份，并可跨终端随时随地查看和分享文件
坚果云
一款能够实现多端实时同步的云盘工具
亿方云
一款企业级的应用，拥有超大的内存，可以随时随地实现文件传输、协作与共享
在线文档软件
石墨文档
石墨
一款支持云端实时协作的企业办公服务软件，可以实现多人同时在同一文档及表格上进行编辑和实时讨论，并具备良好的体验
WPS+云办公
可以实现实时在线协同、团队文档管理等功能，以功能非常强大的WPS Office为中心构建网上办公生态
在线会议软件
腾讯会议
一款支持远程沟通的线上会议软件，支持300人在线会议、全平台一键接入、音视频智能降噪
Zoom
zoom
一款高清远程会议软件，具有轻松起会，便捷入会的特点，让用户在沟通协作中更加自如
远程控制软件
QQ的远程控制功能
可以很方便地对好友的电脑进行远程操控
TeamViewer
一款用于远程控制的软件，只需要在两台计算机上同时运行 TeamViewer并在界面上输入伙伴的ID，接口即可立即建立远程控制
向日葵
向日葵
一款远程控制软件，用户可以通过伙伴的识别码和验证码快速进行远程控制
项目管理软件
Trello
Trello
一款免费的全平台项目和任务管理工具
Tower
tower
一款能够高效安排工作任务的工具，在Tower中项目进度，任务的负责人都能一目了然，保证项目进度顺利进行
Teambition
teambition
一款线上的项目管理工具，使用Teambition用户能够轻松进行任务分配，并能直观地看到当前项目的进度，让团队协作焕发无限可能
协作套件
钉钉
钉钉
一款免费的沟通和协同软件
飞书
飞书
一款让企业成员能在线上进行高效办公的协作工具，通过开放兼容的平台，让团队成员实现高效的沟通和流畅的协作，全方位提升企业效率

图 1-1

这些软件可以解决云存储、在线文档编辑、在线会议、远程控制、项目管理、团队协作等问题，其中一些软件的背景信息如下。

奶牛快传是穗子科技推出的一款小众文件传输软件。百度网盘是百度推出的一项云存储服务。坚果云是上海亦存网络科技推出的国内首家支持多文件夹同步功能的云盘工具，帮助企业提高工作效率和改善工作方法。亿方云是硅谷团队打造的一款企业级云盘工具，为企业提供海量文件的集中存储与管理、用户权限控制以及高级别的数据安全保障。

石墨文档是武汉初心科技推出的我国第一款支持云端实时协作的企业办公服务软件。WPS 是珠海金山办公软件推出的一款办公软件套装，同时还推出了在线文档工具金山文档。

腾讯会议是腾讯科技推出的一款在线会议工具。Zoom 由来自 Cisco 与 WebEx 的工程师于 2011 年共同推出，并迅速在全球流行。

QQ 远程控制功能，基于好友实现远程控制电脑。向日葵是由 Oray 自主研发的一款远程控制软件，主要面向企业和专业人员的远程桌面管理和控制的服务软件。Teambition 曾经入选我国最具投资价值企业 50 强，后被阿里巴巴全资收购。

钉钉（DingTalk）是阿里巴巴集团专为中国企业打造的免费沟通和协同的多端平台。飞书是字节跳动自主研发的一站式协作平台，后来宣布向全国所有企业和组织免费开放，不限规模，不限使用时长，所有用户均可使用飞书全部套件功能。

第2章

远程办公高手快速养成

随着互联网技术的快速发展，远程办公软件的种类和功能也越来越多，合理使用这些远程办公软件能够有效提升工作效率。为了能够帮助读者快速了解远程办公，本章将根据不同的使用场景，介绍几款常用的远程办公软件。这些软件具体的使用方法会在第 3 章至第 8 章详细讲解。

2.1 云盘软件——无论身在何处，文件触手可及

云盘软件能够帮助用户备份重要文件，与电脑实时同步，实现文件跨平台传输等。无论身处何地，使用的是移动端还是桌面端都能快速找到存储在云端的文件，它是工作中非常重要的一个工具，市面上常用的云盘软件有奶牛快传、百度网盘、坚果云等。

2.1.1 奶牛快传

奶牛快传是一款无需注册即可上传文件的云盘工具，最大的特点是即用即走。用户把文件上传后，奶牛快传会自动地生成分享链接，收到分享链接的好友能快速下载链接中的文件，如图 2-1 所示。

图 2-1

2.1.2 百度网盘

百度网盘是目前市面上使用普及率较高的一款网盘工具，并且可以在多平台上使用。这些平台包括 Web 端、桌面端、移动端等，用户可以将电脑或手机中的文件上传到百度云盘中，为设备节省更多的存储空间，如图 2-2 所示。

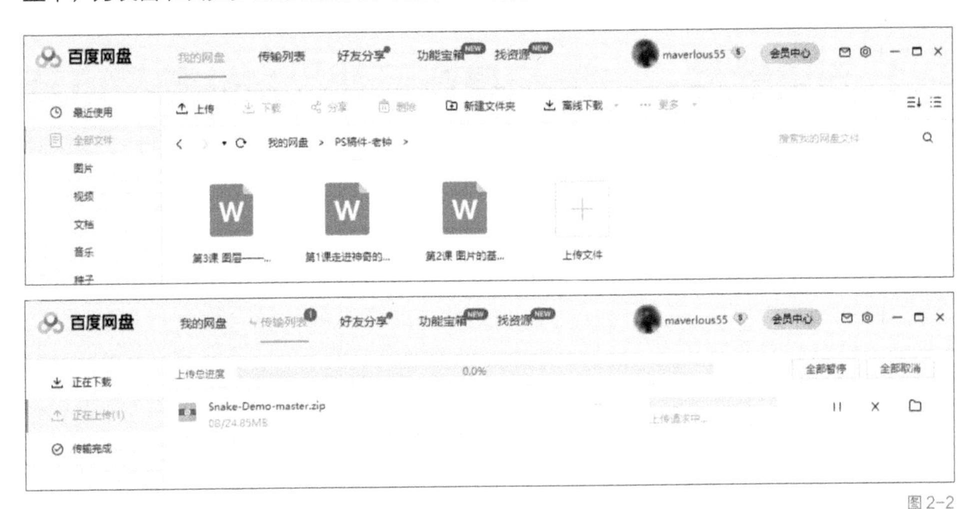

图 2-2

2.1.3 坚果云

坚果云是一款便捷、安全的网盘工具，坚果云用户可以实现文件自动同步、共享、备份等功能，提高办公的效率，如图 2-3 所示。

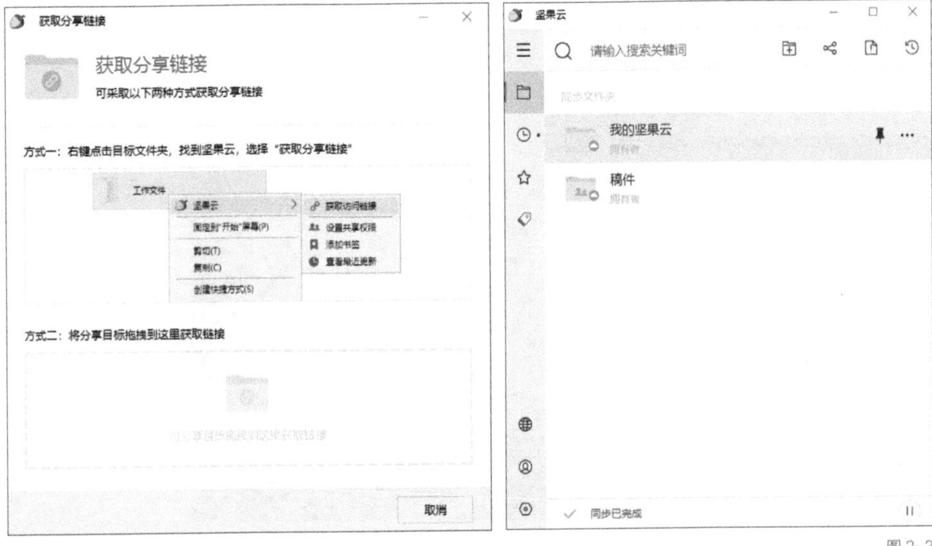

图 2-3

2.2 在线文档软件——版本管理不再抓瞎

云计算技术的发展和普及，使日常工作与“云”的结合变得更加的紧密。以工作中最常见的文档来说，用户在使用 Word 编写公司重要的文档时，可能会出现断电、硬盘损坏等情况导致文档中重要信息丢失，而使用在线文档工具，用户编写的文档会自动同步在“云”中，无需担心文档因意外而丢失。市面上常用的在线文档工具有石墨文档、金山文档等。

2.2.1 石墨文档

石墨文档是一款支持多人编辑的在线文档软件，团队成员可以同时在一个文档或表格上进行编辑和讨论，编辑同步到云端的响应速度达到了毫秒级，是团队在线讨论工作计划的最佳选择，如图 2-4 所示。

图 2-4

2.2.2 金山文档

金山文档是一款支持多人在线协作编辑的文档工具，用户可以在金山文档中创建常用的办公文档，例如文字、表格、演示等，如图 2-5 所示。

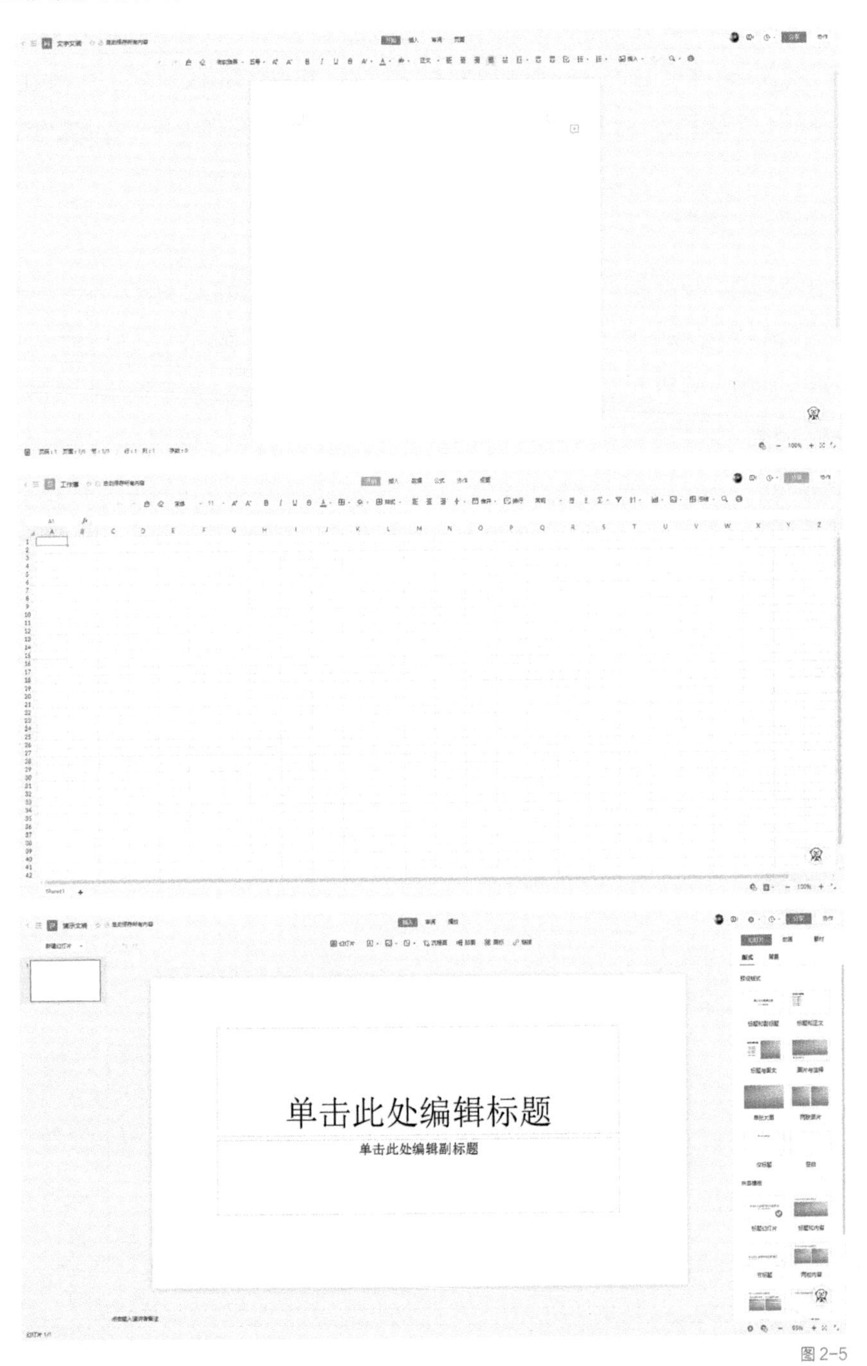

图 2-5

2.3 在线会议软件——高效而低成本的沟通

线下会议可能会受到场地、交通、时间等因素的影响，导致会议无法如期举行，而线上会议就不会受到这些因素的影响，参会成员可以足不出户、在家进行开会。市面上常用的在线会议工具有腾讯会议、Zoom 等。

2.3.1 腾讯会议

腾讯会议是一款支持远程会议的在线会议软件，最多支持多达 300 人同时在线开会，并支持音视频降噪、美颜、背景虚化等功能，如图 2-6 所示。

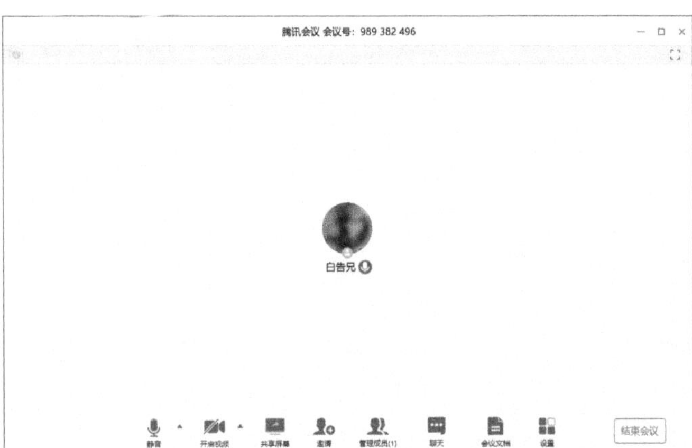

图 2-6

2.3.2 Zoom

Zoom 是一款支持多人在线的云视频会议软件，为用户提供高清的视频会议，用户可选择通过手机、iPad、PC 等设备参加会议，它是一款全平台通用的会议软件，如图 2-7 所示。

图 2-7

2.4 远程控制软件——随时随地解决技术问题

在工作的过程中电脑可能会出现各种问题，如果自己无法解决，可以请求公司的技术人员使用远程控制工具，直接获取电脑的控制权限来协助解决问题，市面上常用的远程控制工具有 TeamViewer、向日葵等。

2.4.1 TeamViewer

TeamViewer 是一款常用的远程控制工具。它的使用方法非常简单，只需在界面上输入伙伴的 ID 和链接密码即可获取伙伴电脑的控制权，如图 2-8 所示。

图 2-8

2.4.2 向日葵

向日葵是一款免费的远程控制工具，具有操作简单、远程控制过程流畅等特点，如图 2-9 所示。

图 2-9

2.5 项目管理软件——ODC 三板斧，人人都是项目经理

项目进度管理经常是工作中的痛点，获取不准确的项目进度可能会打乱后续的工作节奏，使得团队每天都在无休止的加班和会议中度过，为此许多公司都选用专业的项目管理工具来管理项目的进度。项目管理软件最突出的特点就是可以明确责任人（Ownership）、交付时限（Deadline）、交付检查清单（Checklist），通过这三点可以解决任何项目管理问题。市面上常用的项目管理软件有 Trello、Tower、Teambition 等。

2.5.1 Trello

Trello 是一款免费的项目管理软件，由于其对项目进度一目了然的管理方式，让它在全球拥有了数百万的用户，如图 2-10 所示。

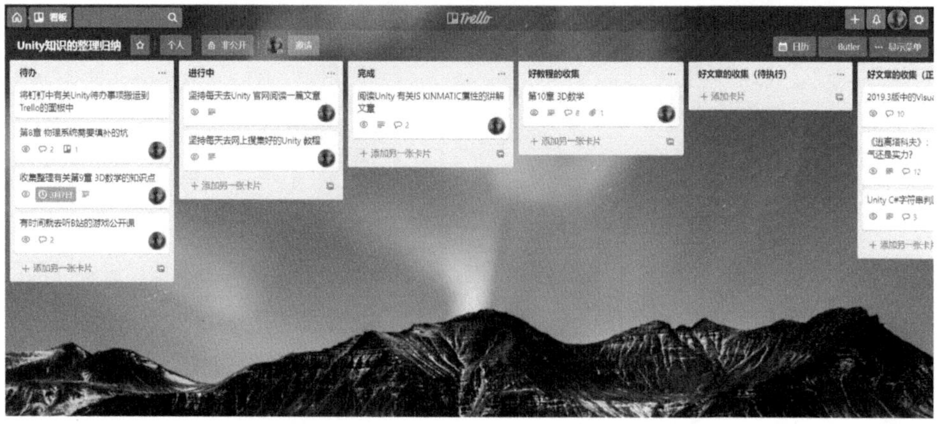

图 2-10

2.5.2 Tower

Tower 是一款常用的线上项目管理软件。项目负责人通过 Tower 的任务列表和任务卡片即可轻松管理项目的进度，如图 2-11 所示。

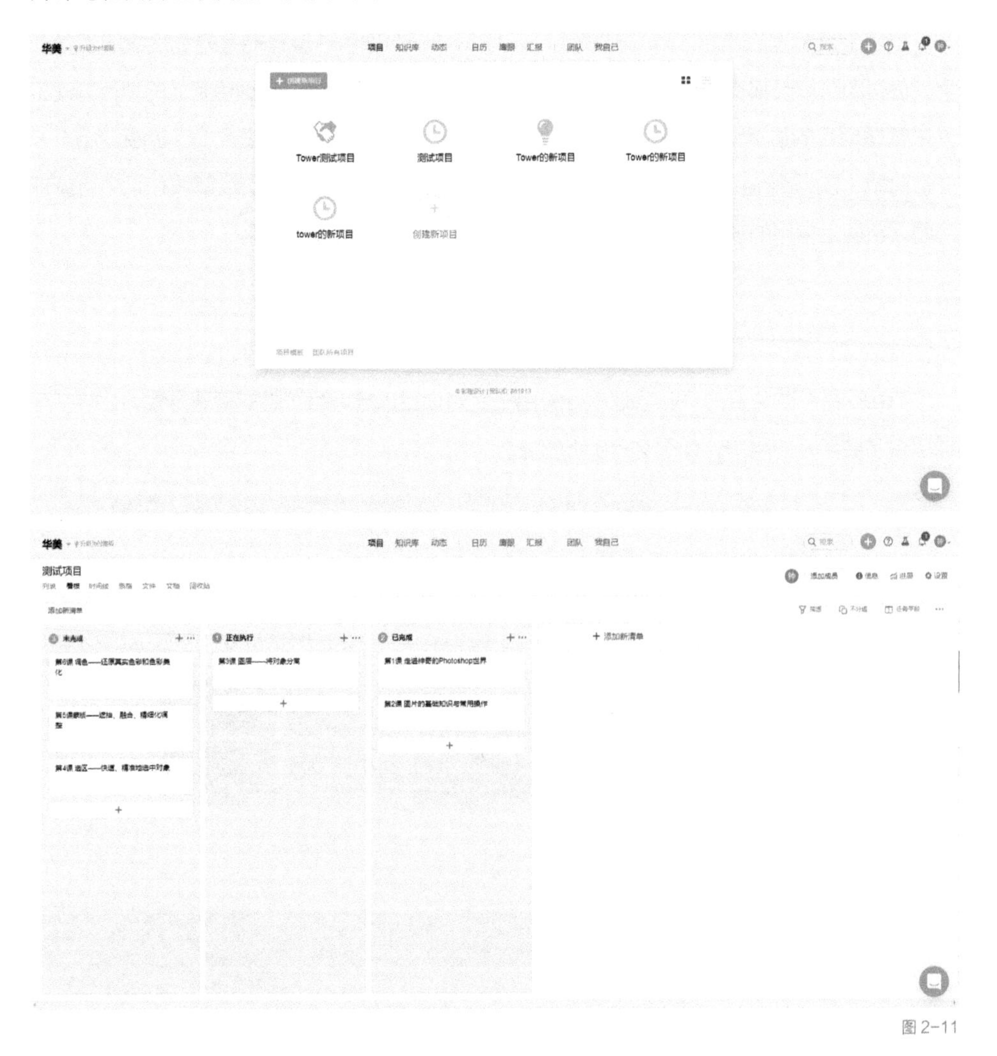

图 2-11

2.5.3 Teambition

Teambition 是一款能够帮助团队轻松进行任务分配，并能直观当前项目进度的项目管理软件， 用户可以在 Web 端、桌面端、移动端等平台上使用 Teambition。总而言之，Teambition 是一款多平台、多功能的项目管理软件，如图 2-12 所示。

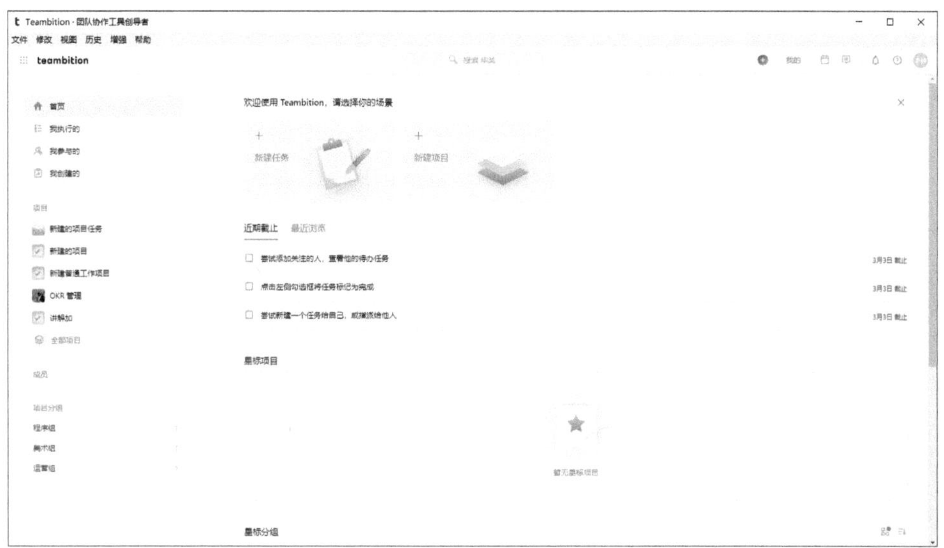

图 2-12

2.6 协作套件——远程办公工具的综合运用

除了上述功能比较专一的远程办公软件外，还有一些集合多种远程办公功能的协作套件。通过这类协作套件，企业可以在线上进行人员管理、资源管理等操作，不必像传统办公一样依赖办公场所，常用的协作套件有钉钉、飞书等。

2.6.1 钉钉

钉钉是一款由阿里集团专为中小型企业研发的线上协同软件。为了提高用户的工作效率，钉钉不仅整合了在线文档、在线会议、云盘等常用的办公功能，还使用了最新的加密技术，全方位地保证了企业信息的安全，如图 2-13 所示。

图 2-13

2.6.2 飞书

飞书是一款功能齐全的线上协同软件，软件提供的日历、在线文档、云盘等功能，可以满足企业成员日常的办公需求，全方位地提高成员的工作效率，如图 2-14 所示。

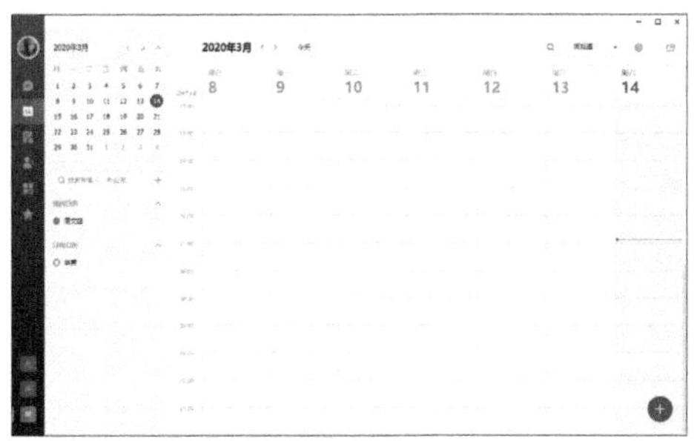

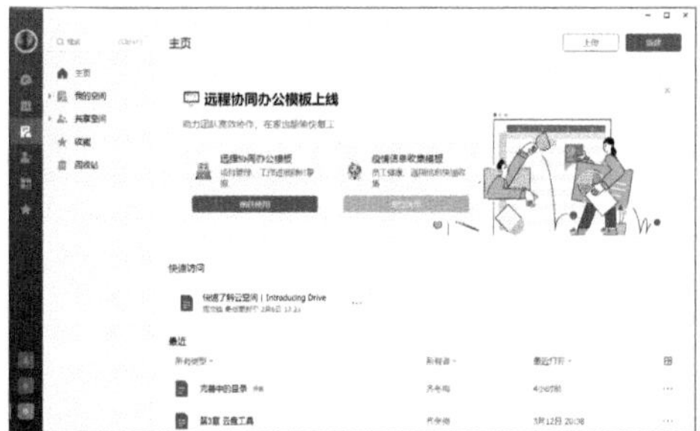

图 2-14

第3章

云盘软件——无论身在何处，文件触手可及

本章主要讲解独立的云盘软件。云盘软件能够帮助用户实现跨平台文件传输、备份和共享等功能，是工作中非常常用的一款软件。

3.1 奶牛快传

奶牛快传是一款支持在线大文件传输服务的云盘工具，它最突出的特点是即用即走。用户在使用过程中无需下载和注册就可以直接上传文件并进行分享。奶牛快传上传和下载均不限速，大大提高了文件传输的效率，并拥有良好的使用体验。本节将从零开始讲解奶牛快传，包括注册、登录、上传文件、分享文件、下载文件及应用场景。

3.1.1 下载、注册和登录

奶牛快传可以在多个平台进行使用，包括 Web 端、微信端、移动端。在奶牛快传官网的产品导航栏下可以找到移动端的下载二维码，如图 3-1 所示。

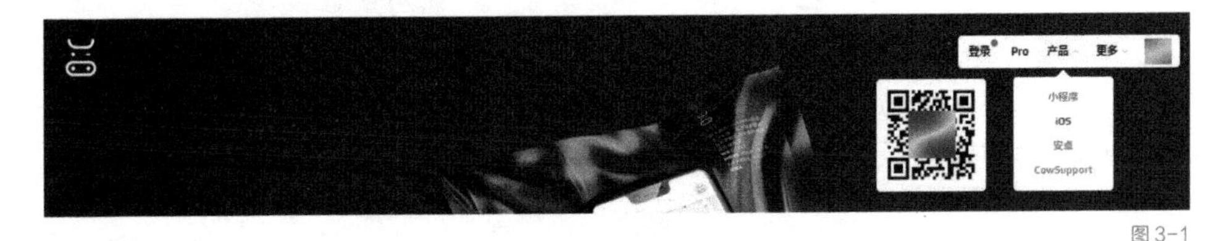

图 3-1

1 Web 端

奶牛快传的官网界面如图 3-2 所示。

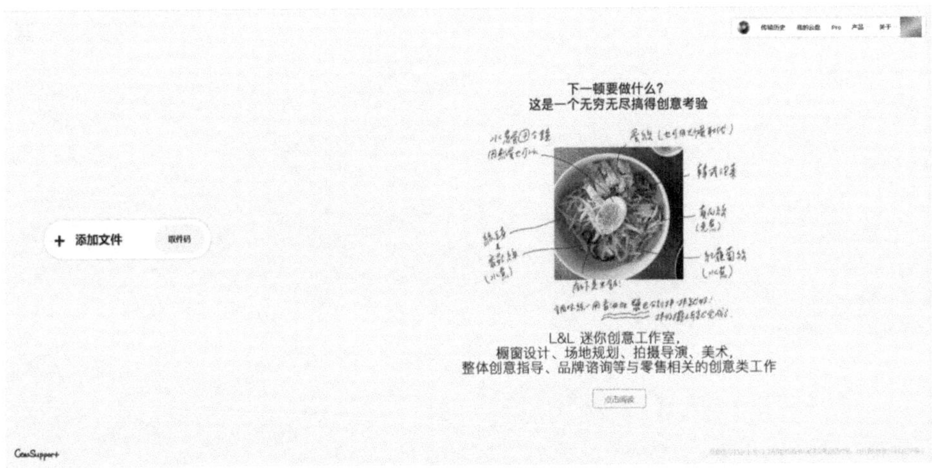

图 3-2

2 移动端

在奶牛快传官网，用户可以根据需求扫描产品导航下方相应的二维码进行下载，移动端界面如图 3-3 所示。

3 微信端（小程序）

在奶牛快传官网的产品导航栏下扫描小程序二维码或通过微信搜索奶牛快传即可进入奶牛快传的小程序。小程序与 APP 不同，它只能接收文件，无需下载即可在微信中使用，如图 3-4 所示。

4 公众号

通过奶牛快传的公众号也可以使用奶牛快传。在微信上关注奶牛快传的公众号后，通过公众号底部的“上传文件”即可进入奶牛快传的界面，如图 3-5 所示。

图 3-3

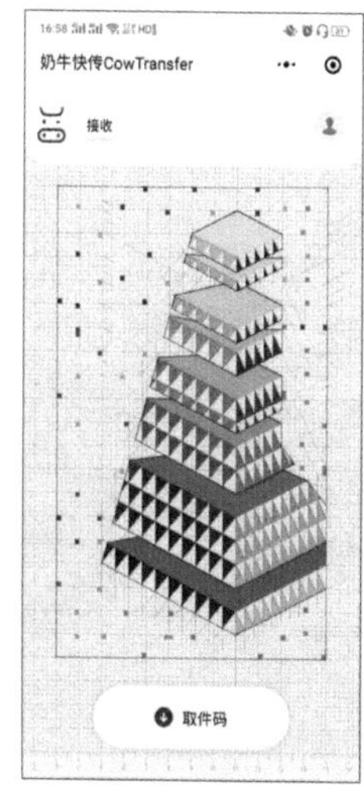

图 3-4

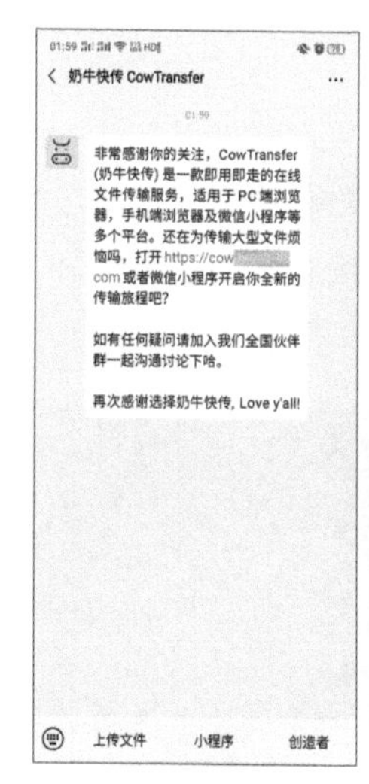

图 3-5

5 注册和登录

在奶牛快传官网的右上角可以进行注册和登录，还可以使用微信直接扫码登录奶牛快传。

3.1.2 上传文件

在奶牛快传上传文件不需要登录，单击“添加文件”按钮或文件夹图标即可在弹出的对话框中选择想要上传的文件。如果已经确定要上传的文件，还可以将文件直接拖曳到“添加文件”按钮处进行上传，如图 3-6 所示。

3.1.3 分享文件

文件上传完成后，界面上会自动生成取件码和下载链接，单击“一键复制”按键即可复制链接和取件码，将其发送给接收人，如图 3-7 所示。

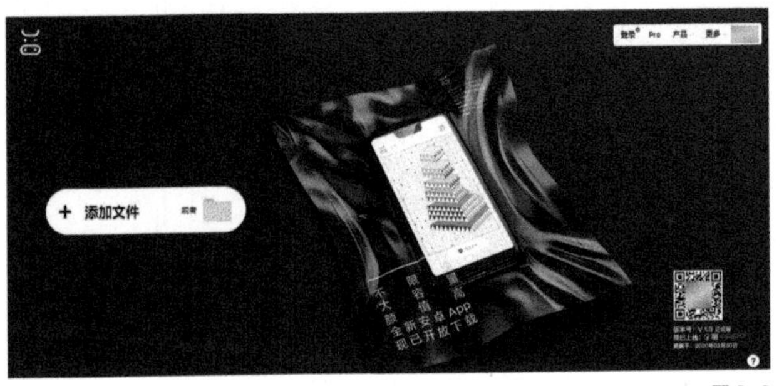

图 3-6

图 3-7

3.1.4 下载文件

奶牛快传中的文件有两种下载方式：一种是取件码下载，接收人将取件码直接在奶牛快传的首页输入，会自动跳转到下载界面；另一种是通过链接下载，打开链接后直接跳转到下载界面，如图 3-8 所示。

图 3-8

3.1.5 奶牛快传的应用场景：传输紧急文件

本应用场景主要以《Adobe Photoshop 国际认证培训教材》这本书的营销过程为例，讲解如何使用奶牛快传，无需登录，直接传输紧急文件。整本书在完成设计排版工作后，编辑妙雅需要准备营销工作的相关资料并安排设计师 phia 制作详情页和 Banner。设计师 phia 在收到设计任务后要求尽快拿到图书的宣传文案和图片。编辑妙雅直接打开奶牛快传的网页将资料上传，并将链接发送给设计师，如图 3-9 所示。

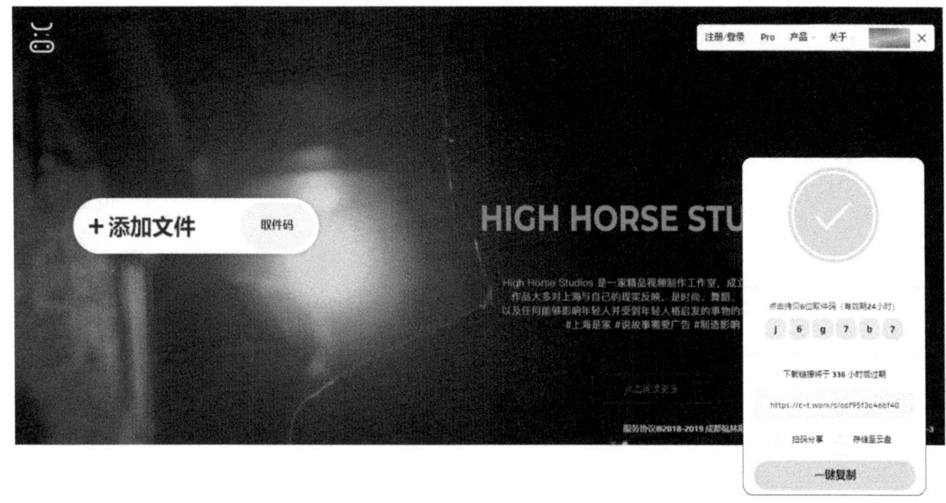

图 3-9

设计师打开编辑发过来的链接，直接进入下载界面进行下载，如图 3-10 所示。

扫描图 3-11 所示的二维码，可观看本节应用场景的视频。

图 3-10

图 3-11

3.2 百度网盘

百度网盘是一款使用非常广泛的网盘工具，用户可以将重要文件上传到网盘上进行备份，并可跨终端随时随地查看和分享文件。本节将从零开始讲解百度网盘，包括软件下载、注册、登录、上传文件、分享文件、下载文件及应用场景。

3.2.1 下载、注册和登录

百度网盘可以实现多端同步，在 Web 端、微信端、移动端和桌面端上均可使用。百度网盘的官网首页的下方有下载链接或单击导航栏的“客户端下载”跳转到下载界面，根据需要选择对应的链接进行下载，如图 3-12 所示。

图 3-12

1 桌面端

百度网盘 PC 和 Mac 的桌面端需要在官网进行下载，安装完成后界面如图 3-13 所示。

2 移动端

在 iOS 和 Android 对应的应用商店可以下载百度网盘的移动端 APP，移动端界面如图 3-14 所示。

3 微信端（小程序）

在微信上搜索可以进入百度网盘的小程序，小程序界面如图 3-15 所示。

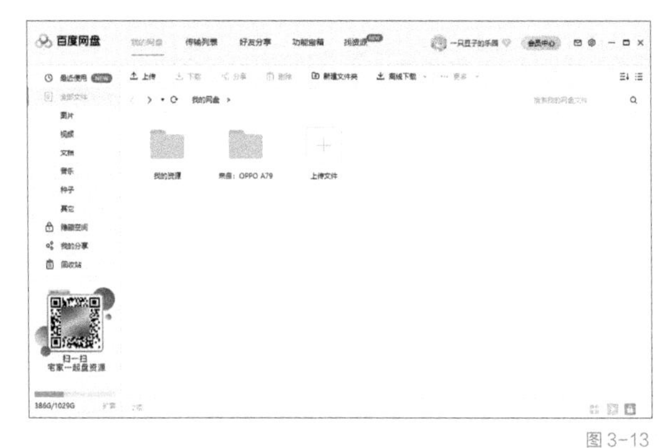

图 3-13

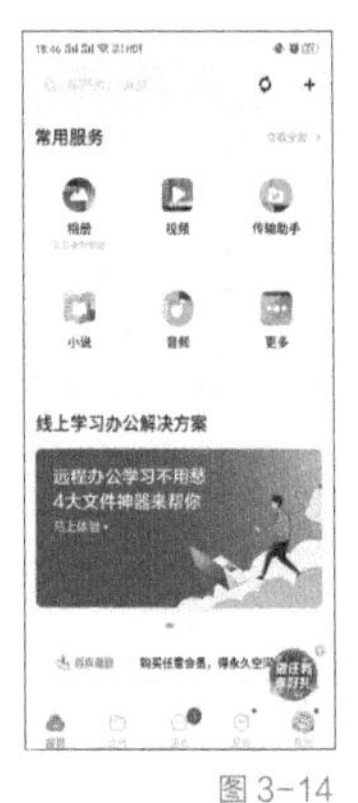

图 3-14

图 3-15

4 Web 端

如果不想下载百度网盘桌面端或只是临时在电脑上使用百度网盘，可以通过网页进行登录，Web 端的界面如图 3-16 所示。

图 3-16

5 注册和登录

用户可以在百度网盘官网或下载的百度网盘客户端进行注册。

3.2.2 上传文件

桌面端上传文件与 Web 端类似，这里以桌面端为例。在桌面端使用百度网盘上传文件的方法有两种：第一种是单击“上传文件”按钮进行上传，第二种是将文件拖曳到界面上进行上传。上传文件的过程中可以在传输列表看到文件上传的进度，如图 3-17 所示。

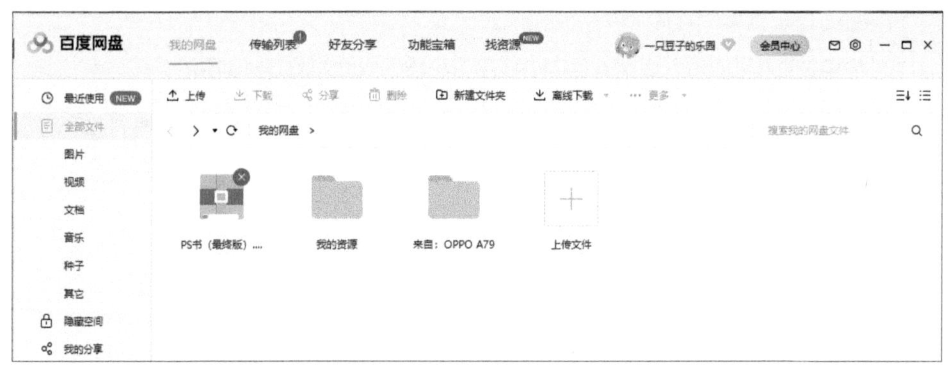

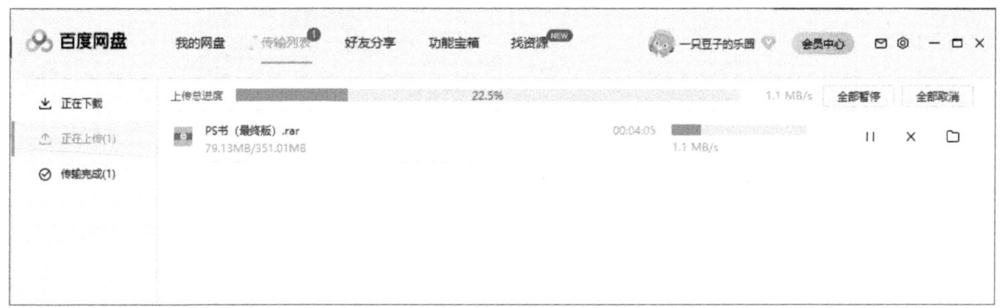

图 3-17

移动端和微信端的操作类似，这里以移动端为例，单击百度网盘移动端首页右上角的“+”按钮，根据情况选择想上传的文件后，界面会自动跳转到传输列表界面，可以查看文件传输进度，如图3-18所示。

图 3-18

3.2.3 下载文件

在百度网盘中下载文件，可以先选中想要下载的文件，单击“下载”按钮进行下载，或在想下载的文件上单击鼠标右键，选择“下载”，如图 3-19 所示。

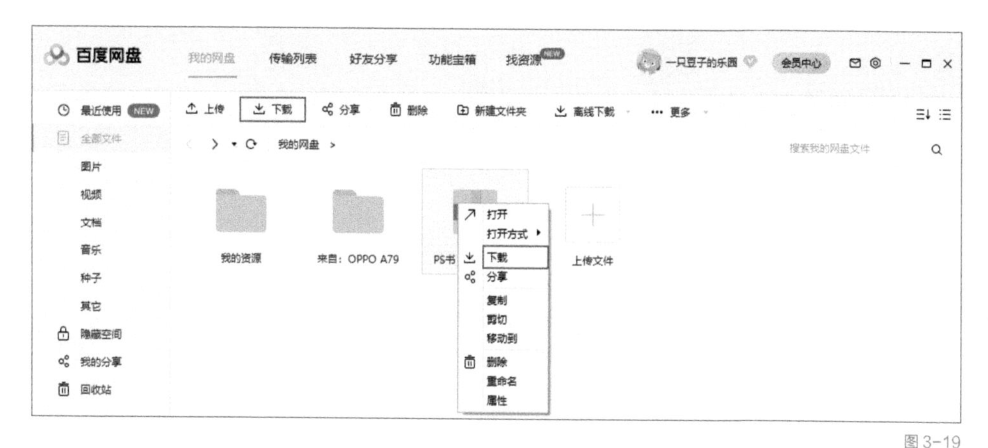

图 3-19

3.2.4 分享文件

在百度网盘中分享文件可以先选中想要分享的文件，单击“分享”按钮创建链接进行分享，或在想分享的文件上单击鼠标右键，选择“分享”，如图 3-20 所示。

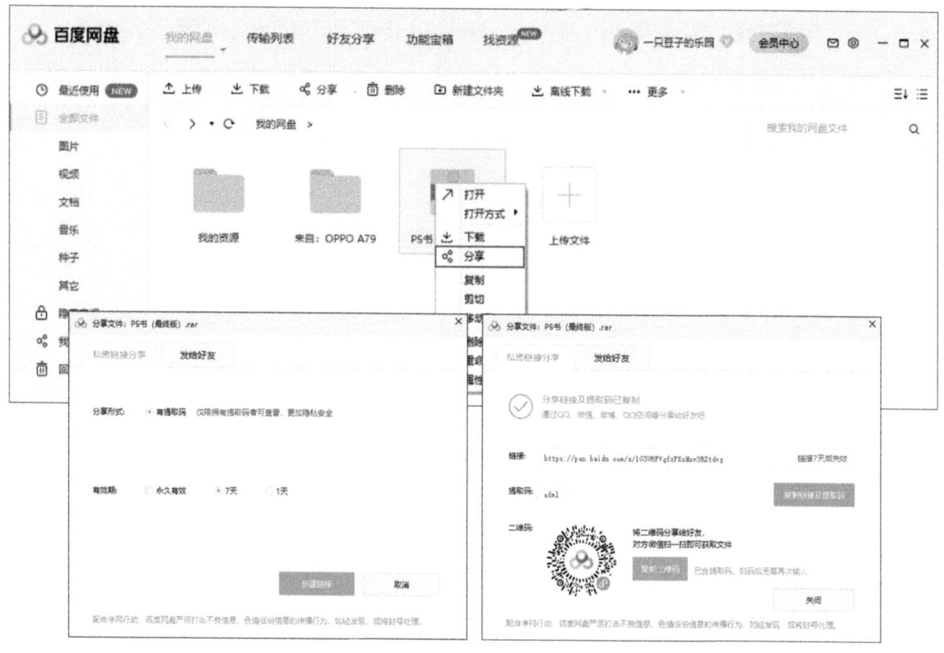

图 3-20

两个人之间分享文件比较频繁可以通过添加好友来进行文件分享，两个人以上还可以创建群组来进行文件分享，如图 3-21 所示。

图 3-21

3.2.5 百度网盘的应用场景：分享文件

百度网盘的功能非常简单，作为一个云盘工具，百度网盘能够适应工作中分享文件的各种场景。以《Adobe Photoshop 国际认证培训教材》这本书的交稿过程为例，讲解在百度网盘中上传、分享和下载文件的整个过程。

作者宽和老钟与编辑妙雅在写作和录制视频的标准上达成一致后，两位作者开始进行文稿的撰写和视频的录制。两位作者在完成每一章的文稿和视频后将相关文件上传到网盘，在给编辑分享最新内容的同时，也在百度云上备份了自己的创作内容，避免电脑意外损坏而丢失稿件。作者老钟先完成了第 1 课的视频和文稿内容，将资料上传到了百度网盘，如图 3-22 所示。

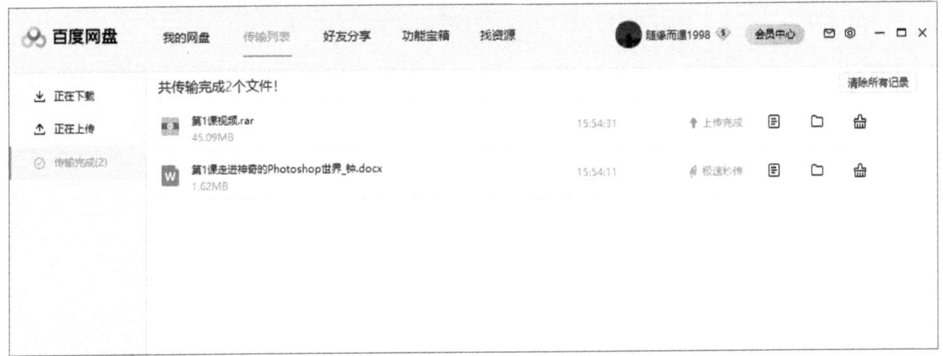

图 3-22

然后，作者老钟把上传到网盘的文件通过链接分享给编辑妙雅，编辑妙雅点开链接把文件保存到自己的网盘后进行下载，如图 3-23 所示。

编辑妙雅觉得每一次都得点链接保存文件还需要跳转到网页有点麻烦，于是加了作者老钟为好友，通过好友分享和保存文件，如图 3-24 所示。

图 3-23

图 3-24

编辑在自己的电脑上把文件下载到本地，对作者的文稿和视频进行审核、反馈和加工。

扫描图 3-25 所示的二维码，可观看本节应用场景的视频。

图 3-25

3.3 坚果云

坚果云是一款支持多端实时同步的云盘工具，用户可以在多个平台实现文件同步，随时转移办公设备，告别移动存储，轻松办公。本节将从零开始讲坚果云，包括软件下载、注册、登录、同步文件、分享文件、管理文件及应用场景。

3.3.1 下载、注册和登录

坚果云支持多端同步，在 web 端、微信端、移动端、桌面端均可使用。在坚果云的官网主页，单击导航栏下的“下载”按钮进入下载界面，根据需要选择对应的链接进行下载，如图 3-26 所示。

图 3-26

1 桌面端

坚果云 PC 和 Mac 的桌面端需要在官网进行下载，安装完成后界面如图 3-27 所示。

2 移动端

在 iOS 和 Android 对应的应用商店可以下载坚果云的移动端 APP，移动端界面如图 3-28 所示。

3 微信端（小程序）

在微信上搜索“坚果云收藏”即可进入坚果云的小程序，界面如图 3-29 所示。

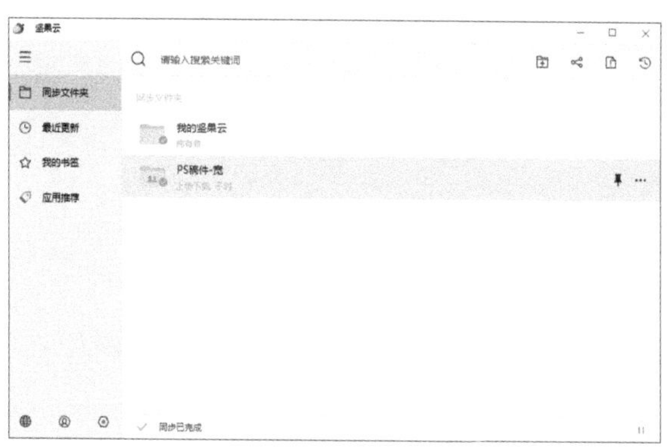

图 3-27

图 3-28

图 3-29

> **提示**
>
> 坚果云的小程序端仅支持备份微信文件。

4 Web 端

如果不想下载坚果云桌面端，可通过网页进行登录，界面如图 3-30 所示。

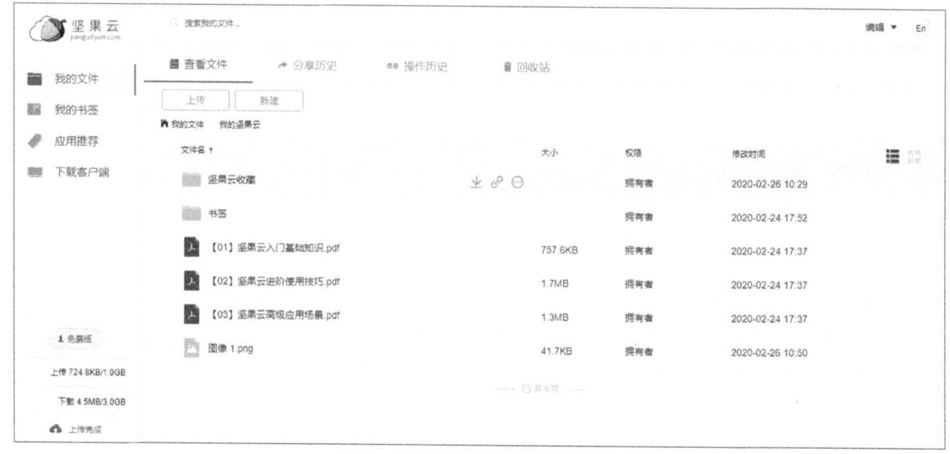

图 3-30

5 注册和登录

个人用户可以在坚果云官网或下载的坚果云客户端进行注册。在坚果云的官网上还可以选择注册团队用户，获取更大的云盘空间，如图 3-31 所示。

图 3-31

提示

团队用户可以邀请团队的成员加入，为成员分配空间，对成员登录 IP 和分享进行限制，统计成员使用情况，实现批量管理等。

3.3.2 同步文件

登录坚果云账户后，软件提示设置同步文件夹的位置，该文件夹将实时与云端文件夹进行同步，如图 3-32 所示。

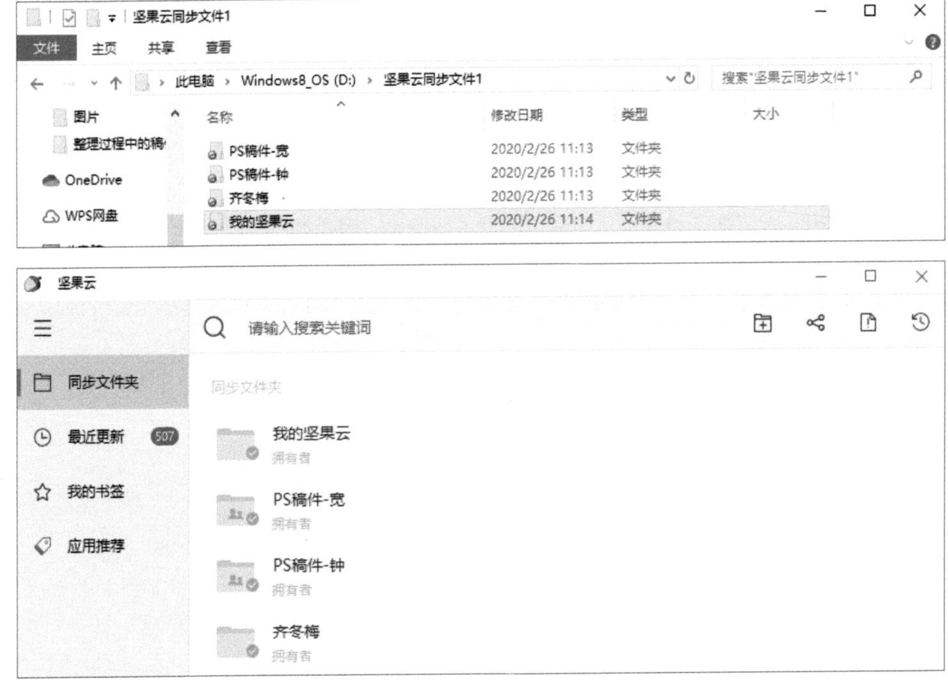

图 3-32

同步文件过程中的所有操作步骤可以在最近更新中看到，如图 3-33 所示。

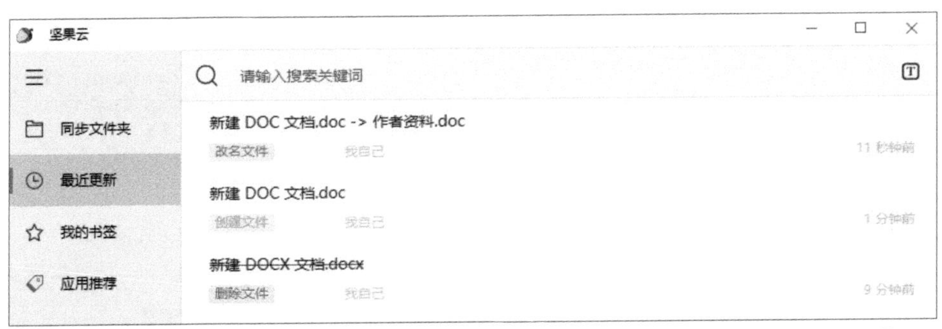

图 3-33

3.3.3 分享文件

使用桌面端坚果云分享文件的方法有两种，单击桌面端分享按钮会弹出获取分享链接提示框，一种是在本地同步文件上单击鼠标右键获取分享链接；另一种是直接将想分享的同步文件拖曳到提示框的下方获取分享链接，如图 3-34 所示。

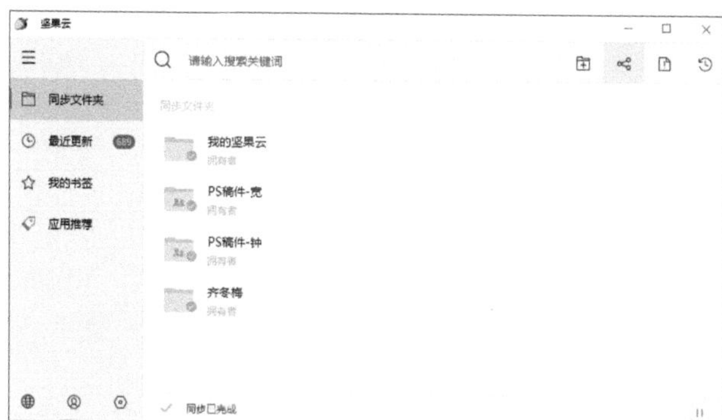

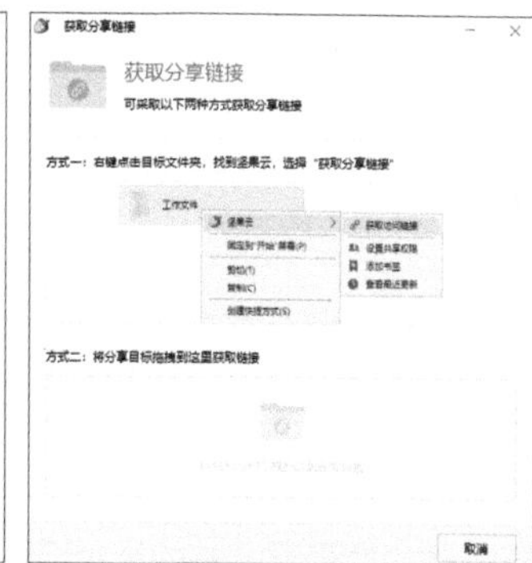

图 3-34

在分享链接界面，用户可以设置相关权限，包括分享范围、过期时间、访问密码等。在分享链接界面上，用户还可以通过“管理我的分享”跳转到坚果云的 Web 端，查看分享历史，修改分享权限或取消分享，如图 3-35 所示。

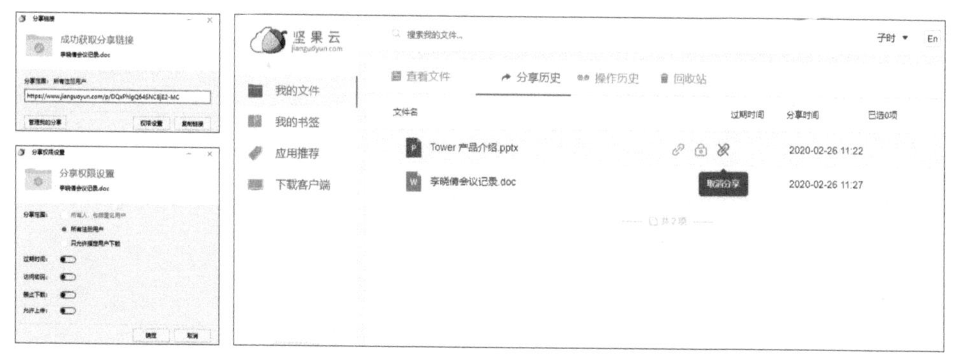

图 3-35

3.3.4 管理文件

坚果云中的文件可以实现本地和云端的共享，所以在本地同步文件中的操作可以和云端的文件实时同步。同时在坚果云中还可以与他人共同创建协作文件夹，实现多人共享文件夹，协作文件夹的使用与本地同步文件夹相同。在共享文件夹中可以对写作者进行权限设置，如图 3-36 所示。

图 3-36

3.3.5 坚果云的应用场景：多人协作同步文件

本应用场景主要以《Adobe Photoshop 国际认证培训教材》这本书的执行过程为例，讲解坚果云如何邀请他人协作同步文件。编辑妙雅因为家里面有事请假在家，作者宽需要编辑妙雅对已写好的文档进行反馈，但是编辑妙雅的资料都在公司的电脑里，于是作者宽通过坚果云邀请编辑妙雅创建一个多人同步文件夹，将已有资料进行共享，并为编辑妙雅提供了上传下载的权限，如图 3-37 所示。

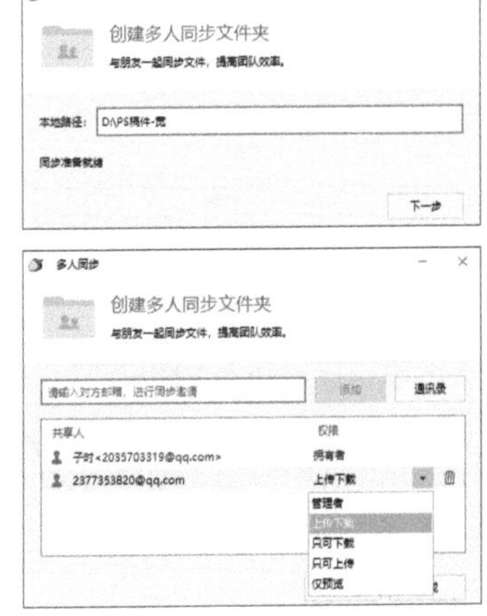

图 3-37

编辑妙雅接受同步邀请后在家里的电脑上看到了作者宽同步的文件夹，如图 3-38 所示。

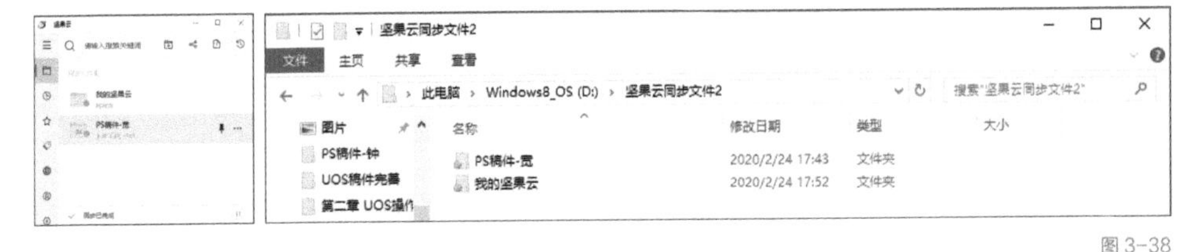

图 3-38

扫描图 3-39 所示的二维码，可观看本节应用场景的视频。

图 3-39

3.4 亿方云

亿方云是一款企业级的应用，拥有超大的内存，可以随时随地实现文件传输、协作与共享。本节将从零开始讲解亿方云的下载、注册、登录、管理文件、分享文件、管理权限及应用场景。

3.4.1 下载、注册和登录

亿方云可以实现多端同步，在 Web 端、微信端、移动端、桌面端上均可使用。亿方云的客户端可以在官网的“下载”导航下进行下载，2017 年 6 月 20 日之后注册的新用户下载亿方云 V2 版本，之前的用户下载 V1 版本，如图 3-40 所示。

图 3-40

1 桌面端

亿方云 PC 和 Mac 的桌面端需要在官网进行下载，安装完成后界面如图 3-41 所示。

2 移动端

在 iOS 和 Android 对应的应用商店可以下载亿方云的移动端 APP，移动端界面如图 3-42 所示。

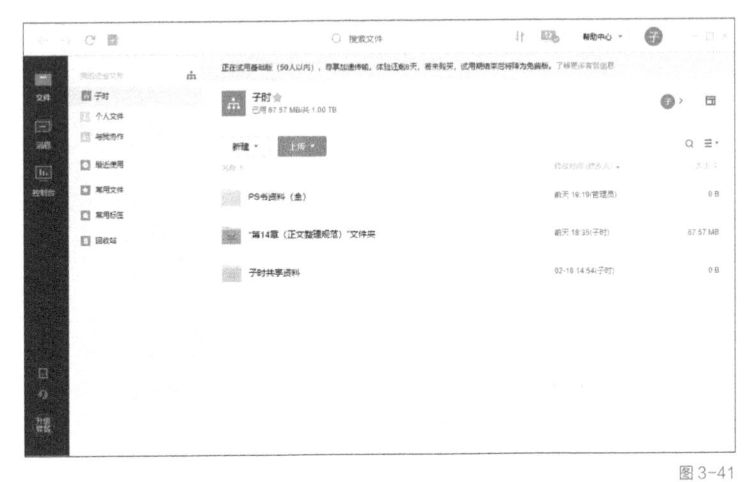

图 3-41

图 3-42

3 微信端（小程序）

在微信上搜索可以进入亿方云的小程序，小程序端仅支持导入微信文件，界面如图3-43所示。

4 Web 端

从官网可以直接登录亿方云的 Web 端，如图 3-44 所示。

图 3-43

图 3-44

5 注册和登录

用户可以在亿方云的官网或下载的客户端进行注册。

3.4.2 管理文件

在亿方云中可以对文件进行分类管理。例如，将常用的文件夹加星标放入到常用文件栏目中，将相关的文件添加标签进行分类管理，如图 3-45 所示。

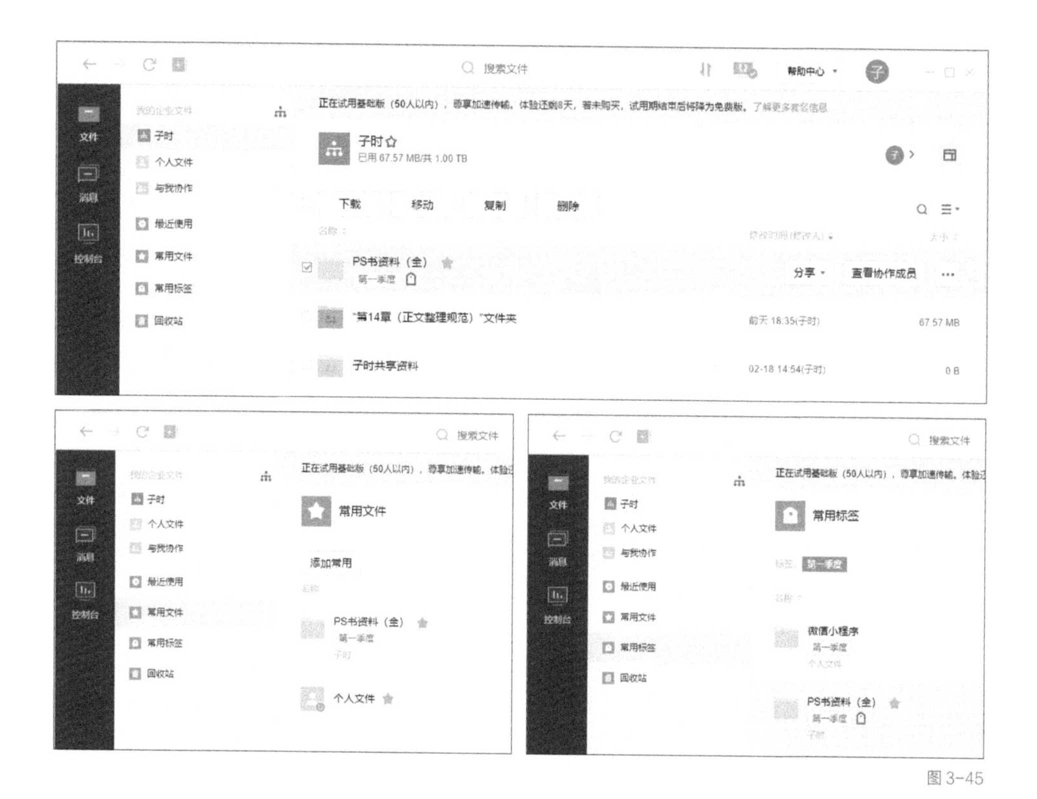

图 3-45

3.4.3 分享文件

亿方云中分享的文件仅公司内部人员可以浏览和下载，分享的方式有两种：链接分享和分享给同事。使用链接分享可以在分享界面中设置分享权限，分享留言和查看分享历史，设置完成后创建链接如图 3-46 所示。

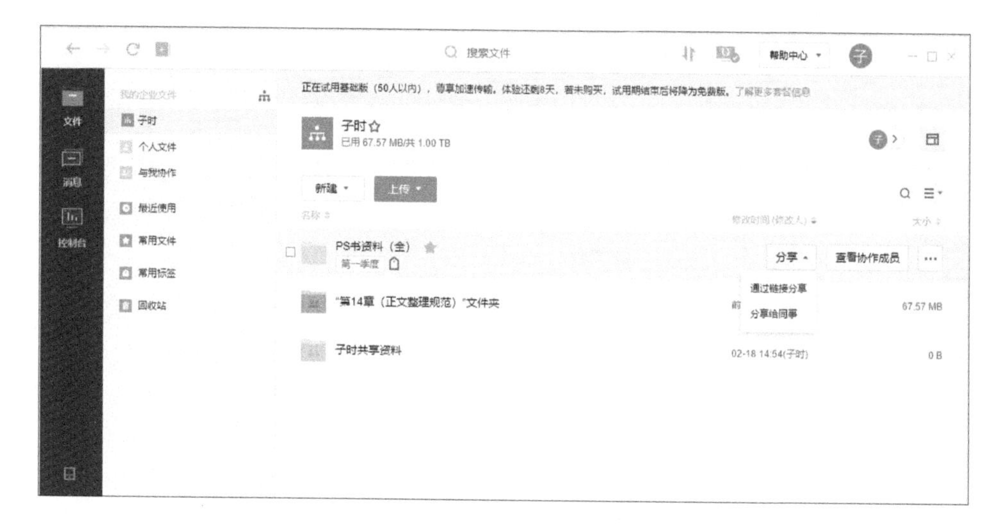

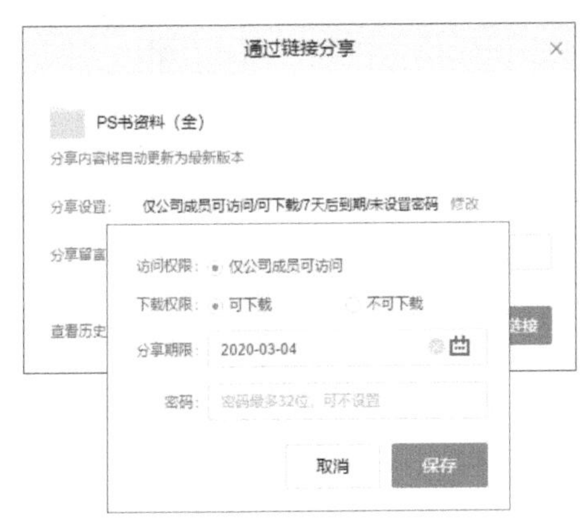

图 3-46

使用“分享给同事”可以在分享的时候选择想要分享的同事、部门和群组，这样在公司内部分享文件能大大提高效率，如图 3-47 所示。

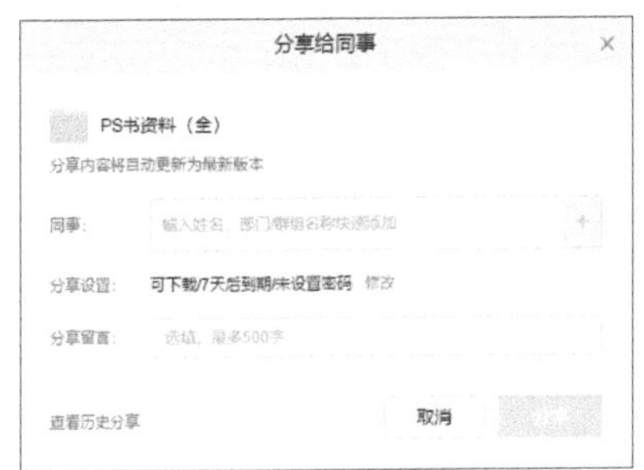

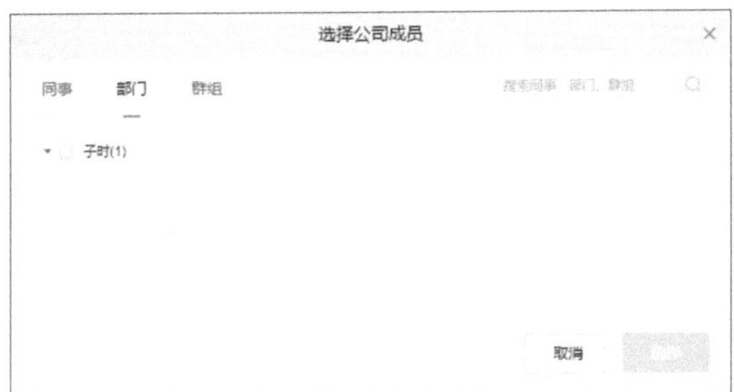

图 3-47

3.4.4 管理权限

在亿方云中可以邀请协作成员共同使用一个文件夹，管理员可以根据情况对协作成员进行权限的设置，如图 3-48 所示。

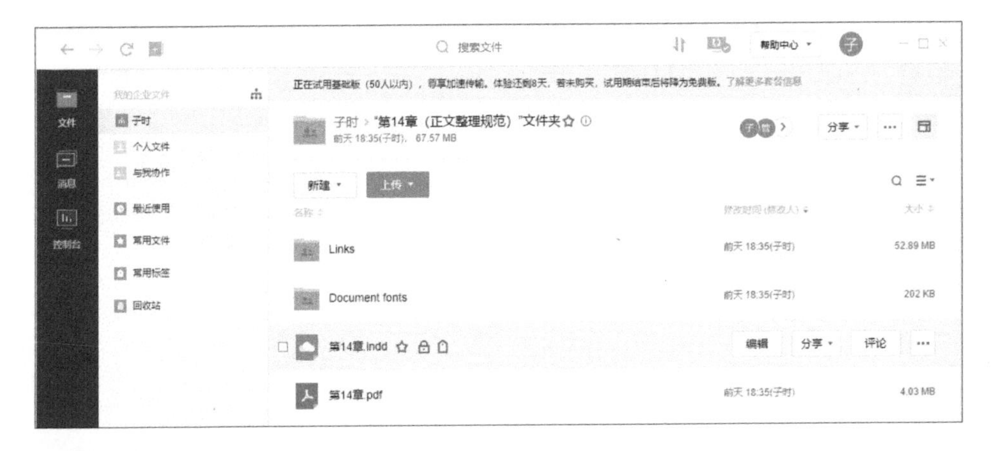

公司成员　外部成员

	订阅/查看动态	上传/收集	下载/分享/同步/审阅	预览	编辑	评论	编辑属性	删除	邀请协作成员	管理协作成员	管理功能
共同所有者	✓	✓	✓	✓	✓	✓	✓	✓	✓*	✓	✓
编辑者	✓	✓	✓	✓	✓	✓	✓	✓	✓*		
查看/上传者	✓	✓	✓	✓	✓	✓					
查看者	✓		✓	✓		✓					
预览/上传者	✓	✓		✓		✓					
预览者	✓			✓		✓					
上传者		✓									

* 管理员可设置共同所有者/编辑者是否具有"邀请协作成员"权限

公司成员　外部成员

	订阅/查看动态	上传/收集	下载/分享/同步/审阅	预览	编辑	评论	编辑属性	删除	邀请协作成员	管理协作成员	管理功能
编辑者	✓	✓	✓	✓	✓	✓	✓	✓			
查看/上传者	✓	✓	✓	✓	✓	✓					
查看者	✓		✓	✓		✓					
预览/上传者	✓	✓		✓		✓					
预览者	✓			✓		✓					
上传者		✓									

图 3-48

3.4.5 亿方云的应用场景

1 保护文件

本应用场景以《Adobe Photoshop 国际认证培训教材》这本书的编写过程为例，讲解如何使用亿方云设置文件预览权限，从而保护文件不被泄露、篡改。编辑妙雅需要在作者宽和老钟撰写整本书的内容之前明确写作规范，以提高作者稿件质量。于是编辑妙雅将样章和视频样本上传到网盘，并邀请两位作者成为协作者，作者老钟这边先点开了链接，看到编辑妙雅分享的是样本文件，通过了编辑妙雅的邀请，如图 3-49 所示。

图 3-49

为了避免图书内容在图书出版之前被泄露出去或被误删除等，编辑将作者的权限设置为只能浏览，如图 3-50 所示。

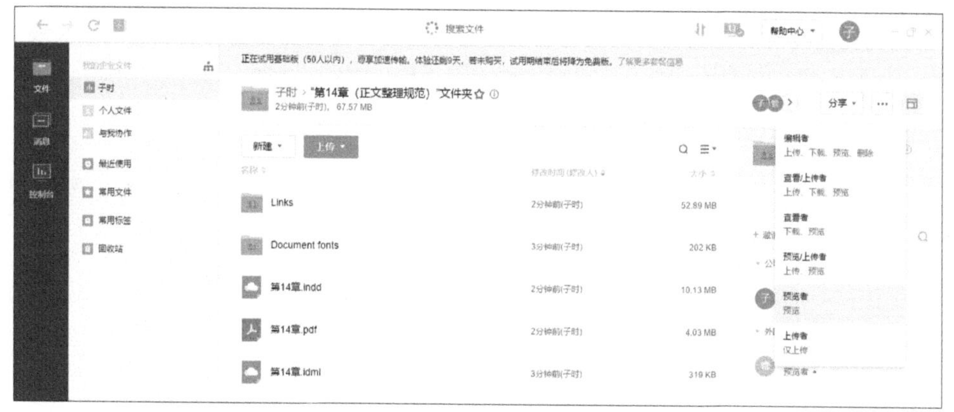

图 3-50

作者宽和老钟的云盘中只能对文件进行预览和评论，不能对文件执行复制、删除、下载等操作，如图 3-51 所示。

扫描图 3-52 所示的二维码，可观看本节应用场景的视频。

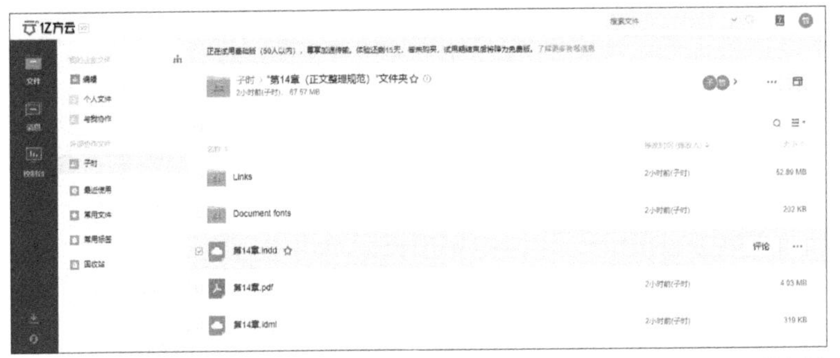

图 3-51

图 3-52

2 收集文件不凌乱

本应用场景以《Adobe Photoshop 国际认证培训教材》这本书的交稿过程为例，讲解如何设置文件的上传权限，保证收集的文件不凌乱。编辑妙雅需要收集两位作者提交的资料，包括讲义、文稿、视频、练习题、素材等。为了提高收集资料的效率，避免两位作者的资料产生混乱，于是编辑妙雅在网盘上创建了一个专门用来收集作者原始文件的文件夹，来提高收集资料的效率，如图 3-53 所示。

图 3-53

基于这两个文件夹，编辑妙雅分别向两位作者发出了协作邀请，并将邀请成员的权限设置为上传者，作者宽先通过了编辑妙雅的协作邀请，如图 3-54 所示。

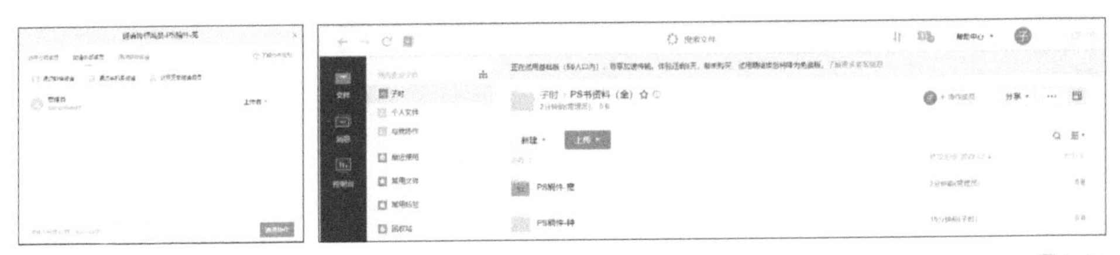

图 3-54

作者宽在亿方云的外部协作文件中只能看到自己上传文稿的文件夹，如图 3-55 所示。

扫描图 3-56 所示的二维码，可观看本节应用场景的视频。

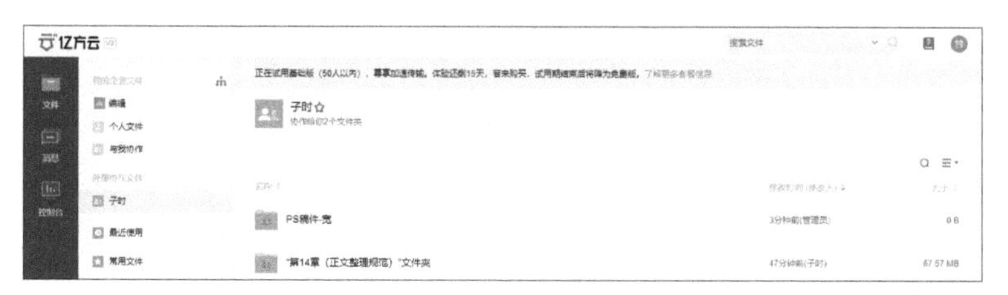

图 3-55

图 3-56

第 4 章

在线文档软件——版本管理不再抓瞎

在办公过程中不可避免地需要使用文档工具，在线文档就是将本地文档转移到线上，但又不是简单地将本地文档完全照搬到线上。根据使用场景的变化，在线文档有着自身特有的优势，例如文档实时保存无需担心文档内容因意外而丢失，支持多人同时编辑同一个文档，避免文档版本混乱等。本部分主要讲解石墨文档和 WPS 这两个典型的在线文档软件。

4.1 石墨文档

石墨文档是一款支持云端实时协作的企业办公服务软件，可以实现多人同时在同一文档及表格上进行编辑和实时讨论，并具备良好的使用体验。石墨文档支持团队远程办公，高效协作，自动储存，任何改动实时云端保存，无需担心文件丢失；信息在线汇总，避免多版本资料反复传递。本章将从零开始讲解石墨文档的核心功能，包括下载、登录和注册，基础功能，应用场景以及典型案例。

4.1.1 石墨文档的注册和登录

石墨文档真正能够实现多端实时同步，即 Web 端、微信端和移动端均可轻松工作。在石墨文档官网单击导航栏的“下载”按钮，即可进入下载页面，官网会自动检测用户的设备并给出对应的下载链接以及其他设备的下载链接，如图 4-1 所示。

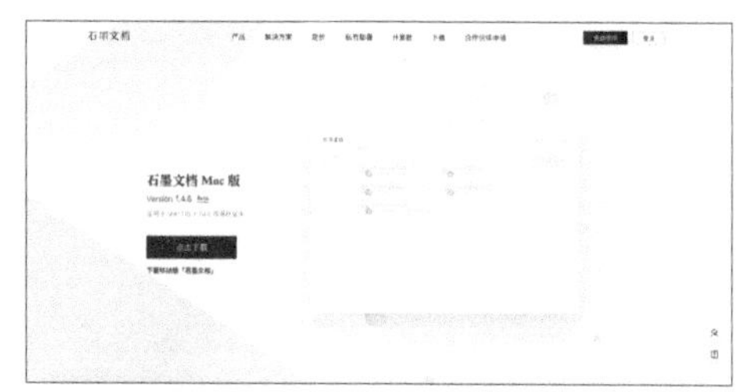

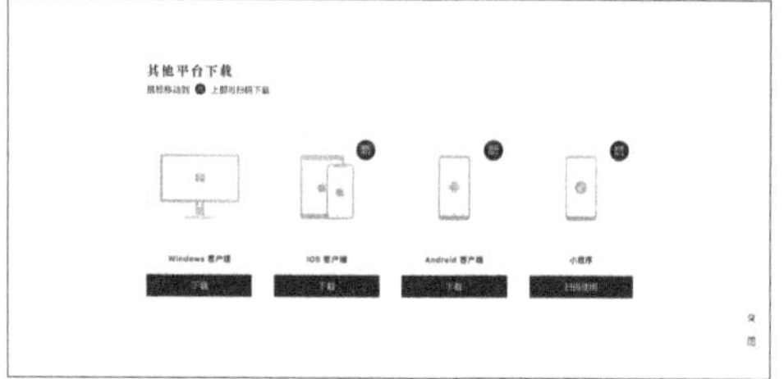

图 4-1

1 桌面端

石墨文档 PC 和 Mac 的桌面端需在官网进行下载并安装，安装完毕后的界面如图 4-2 所示。

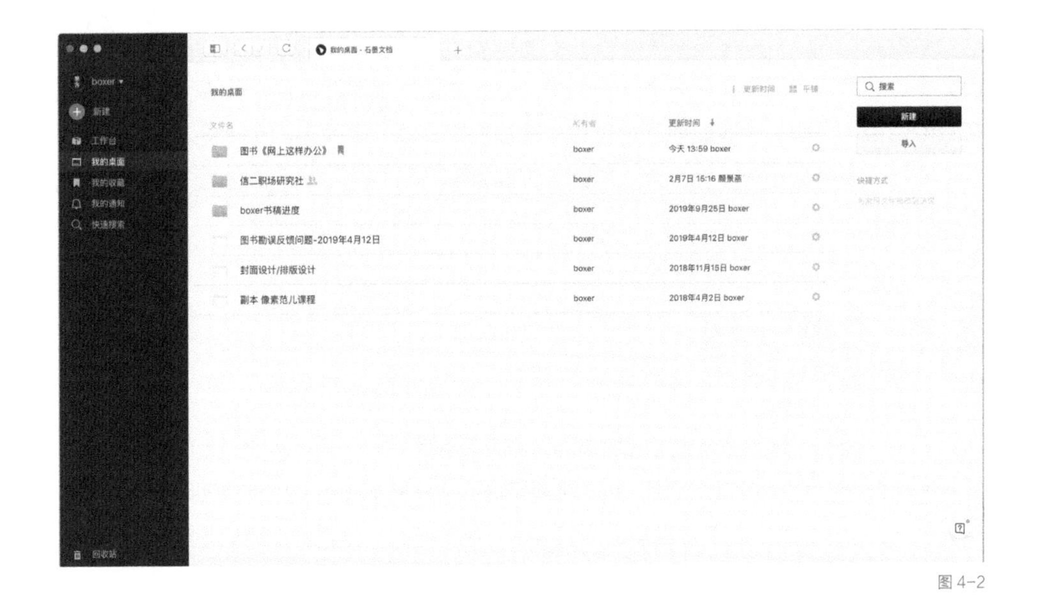

图 4-2

提示

桌面端通常可操作区域较大，适合做时间较长、较为复杂的工作。

2 移动端

在 iOS 和 Android 对应的软件商店可以下载到石墨文档的移动端 App。移动端界面如图 4-3 所示。

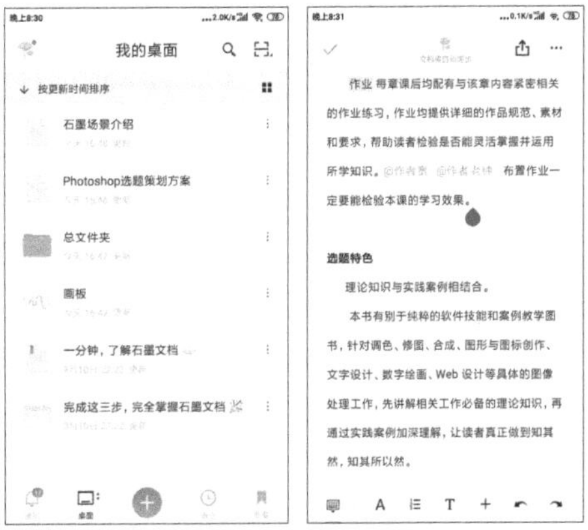

图 4-3

3 Web 端

如果不愿意在电脑或移动设备上下载 App，或使用他人设备进行临时性办公，可以使用 Web 端石墨文档，界面与桌面端类似，从官网直接登录石墨账号即可。石墨文档在多端的用户体验基本一致，不会因为设备更换而增加用户学习成本。

4 微信端（小程序）

在石墨文档官网的下载页面扫描小程序二维码即可在微信上登录石墨的小程序，小程序界面与移动端 App 一致，无需下载即可在微信中使用。

5 注册和登录

在石墨文档官网的右上角可以进行注册和登录。此外，用户还可以直接用微信登录石墨文档。第一次用微信打开石墨文档时，可以选择使用微信登录还是使用石墨账号登录。

4.1.2 石墨文档的基础功能

石墨文档的功能并不复杂，容易上手，非常适合进行项目沟通，除了基本的文档、表格、幻灯片功能，石墨文档还提供思维导图、表单（在线收集数据，如活动报名）、白板（线上会议）等实用的线上办公功能，并能与多人进行分享与协作。

1 石墨文档界面和基础操作

基于石墨文档的界面可以对文档进行一些基础操作，了解这些基础操作就可以对文件进行新建、导入、打开、删除等操作。

新建

在石墨文档主界面的左侧或右侧均有新建按钮，单击“新建”按钮可以创建文档、表格、幻灯片、思维导图、表单、白板、文件夹。此外，石墨文档还提供了从模板新建功能，可以更方便快捷地实现特定线上办公需求，如图 4-4 所示。

图 4-4

导入

导入按钮在界面的右侧，新建按钮的下方，石墨笔记支持导入 xlsx、docx、doc、txt、md（Markdown）格式的文件，这样线下的文件也可以放至线上进行编辑，如图 4-5 所示。

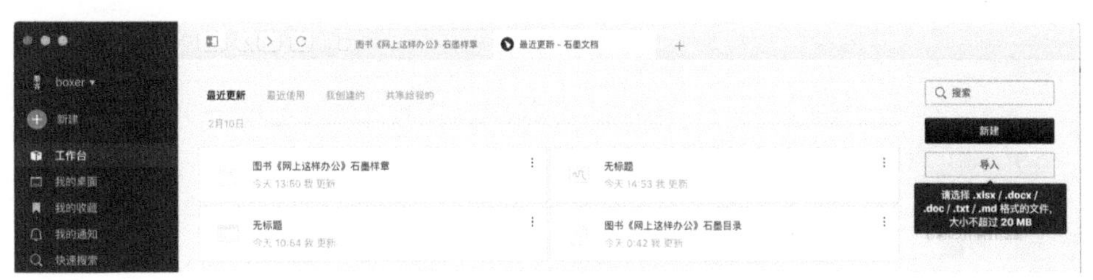

图 4-5

> **注意！**
> 石墨文档更偏向于以文档为中心的线上协同办公，目前无法直接在文件夹中上传视频、音频等格式的文件，这是它与很多网盘类的工具之间的重要区别，需要注意。

打开文件和删除文件

在某个文件上单击可以打开这个文件，在某个文件夹上单击可以进入文件夹，在某个文件或文件夹上单击鼠标右键，在弹出的菜单栏中选择“删除”，可以将文件或文件夹删掉，删掉的内容可以在界面左下脚的回收站中找回。右键菜单中还有其他便捷的功能，用户可自行了解，如在新标签页中打开、重命名、移动等。

新标签页

如果想同时在石墨文档中完成多项工作，可以单击界面上方标签栏中的“+”按钮，创建一个新的标签，单击标签名称即可在多个标签中进行切换，如图 4-6 所示。

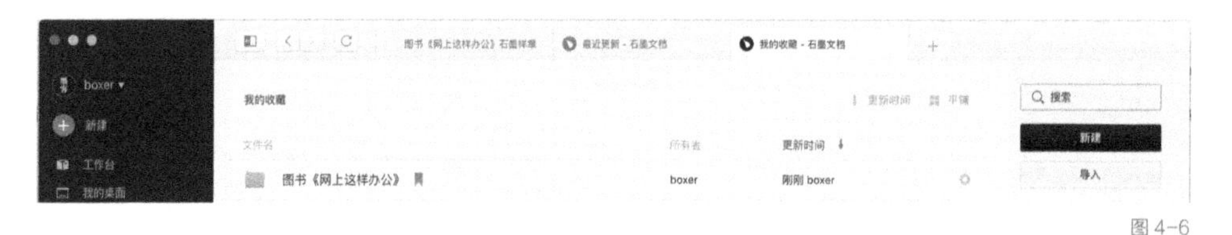

图 4-6

我的桌面

我的桌面类似 Windows 的“我的电脑”，以文件和文件夹的方式显示用户所有的文件以及文件的包含关系，如图 4-7 所示。

图 4-7

> **注意！**
> 建好文件夹并做好命名工作，避免文件过多时管理困难，命名时应使用便于记忆和检索的名字，便于查找文件时快速检索。

我的收藏

我的收藏可以将重要的或是频繁使用的文件或文件夹单独进行显示，便于用户快速访问。将光标移至某个文件或文件夹，单击齿轮图标，在弹出的菜单栏中选择“收藏”即可在我的收藏中看到该文件或文件夹，如图 4-8 所示。

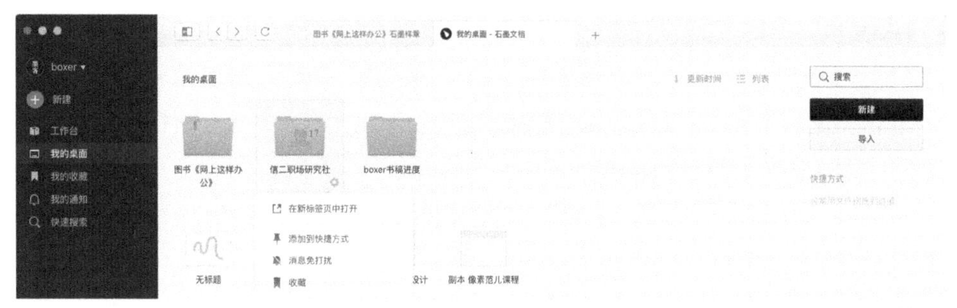

图 4-8

快速搜索

石墨文档的界面有两处可进行文件搜索，分别是界面左侧的“快速搜索”和右侧的“搜索”，输入文件名或文件中的某个关键词均可查找到对应的文档。

前进、后退和刷新

在标签栏的左侧有三个按钮，分别是前进、后退和刷新，如图 4-9 所示。前进和后退类似网页浏览器的前进和后退功能，在操作某个文档时，想要返回上一级目录，可以单击后退，之后如果想继续编辑文档，可单击前进。在网上协同办公时，如果发现文件没有及时同步可以单击刷新进行同步。

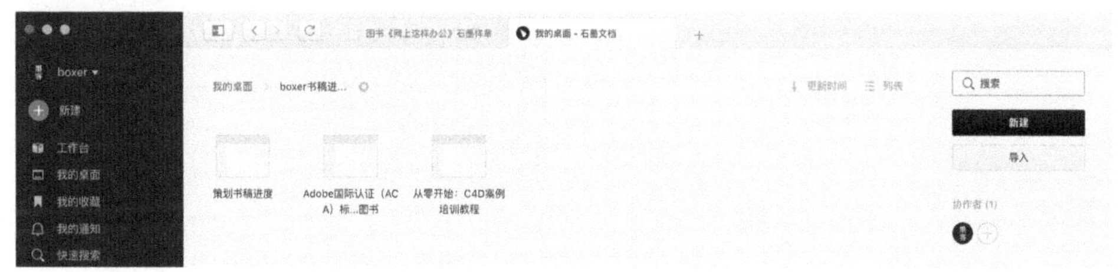

图 4-9

回收站

如果有误删除的文件，可以在石墨文档左下角的回收站中找回。

2 文档

下面将介绍石墨文档中与文档相关的详细操作。

新建文档

单击“新建 - 文档”，即可新建一个文档，文档默认为流式，即不会像 Word 文档那样有固定的文档尺寸，自动分页。在导出 Word 文档时，石墨文档会按照 Word 的方式自动分页。

保存文档

石墨文档的文件是在云端实时保存的，因此，用户无需担忧突然宕机而丢失文件。

编辑文字

文档提供了 6 种样式，分别是正文、标题、副标题、标题 1、标题 2、标题 3。新建文档后出现的“无标题”既是文档的最高级别标题，同时也是该文档的文件名。为文档命名后，按回车切换至下一行即可输入正文。

选中文字并为其选择任意一个非正文的样式（标题）即可将其转换为标题样式，同时在文档左侧的目录中会显示这个标题，如图 4-10 所示。

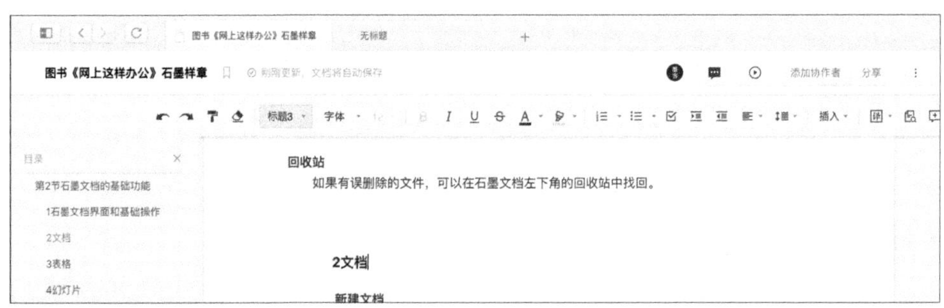

图 4-10

文字还可以设定字体、粗体、斜体、下划线、中划线、文本颜色、文本高亮等文字属性，如图 4-11 所示。

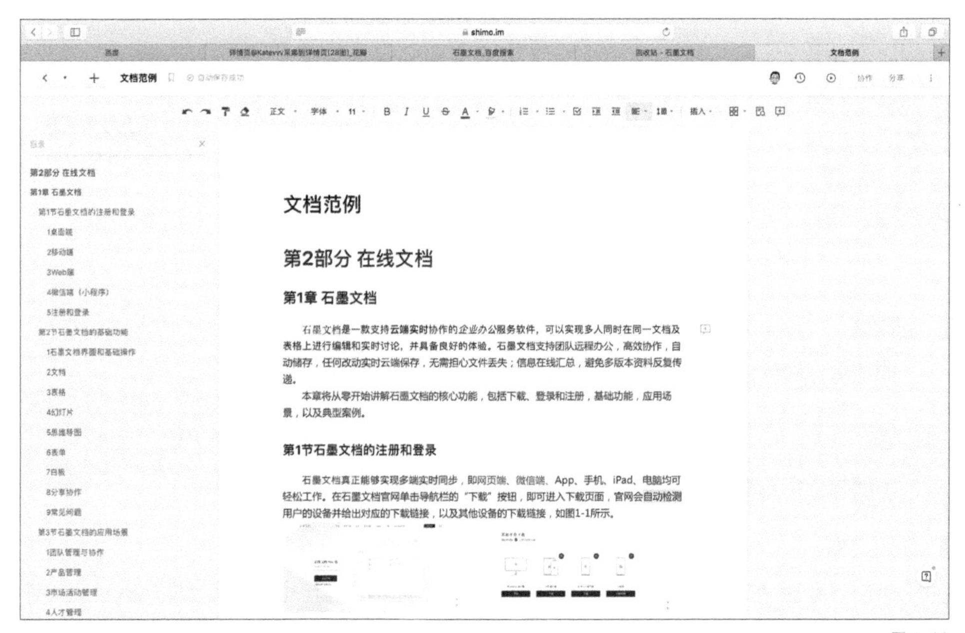

图 4-11

插入元素

在石墨文档中可以通过“插入”向文档中插入图片、视频、表格、链接等多种元素，如图 4-12 所示。

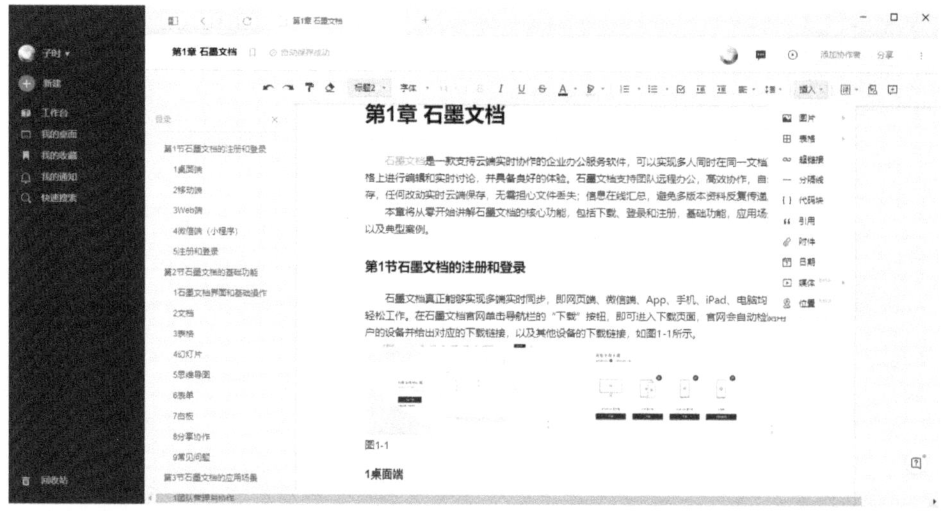

图 4-12

制作目录

石墨文档中提供 5 种标题样式，选中文字设置好对应的标题样式后会自动在页面左侧生成目录，如图 4-13 所示。

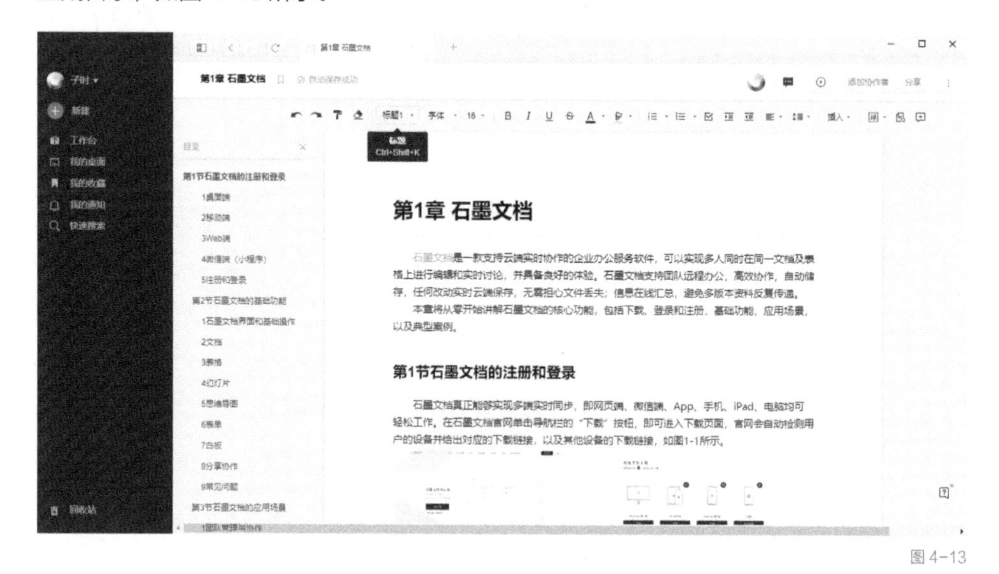

图 4-13

文档的导入和导出

石墨文档支持将本地文档通过工作台右侧的“导入”按钮进行导入。在石墨文档中创建的文件也可以通过右上角 ，选择需要的格式导出到本地，如图 4-14 所示。

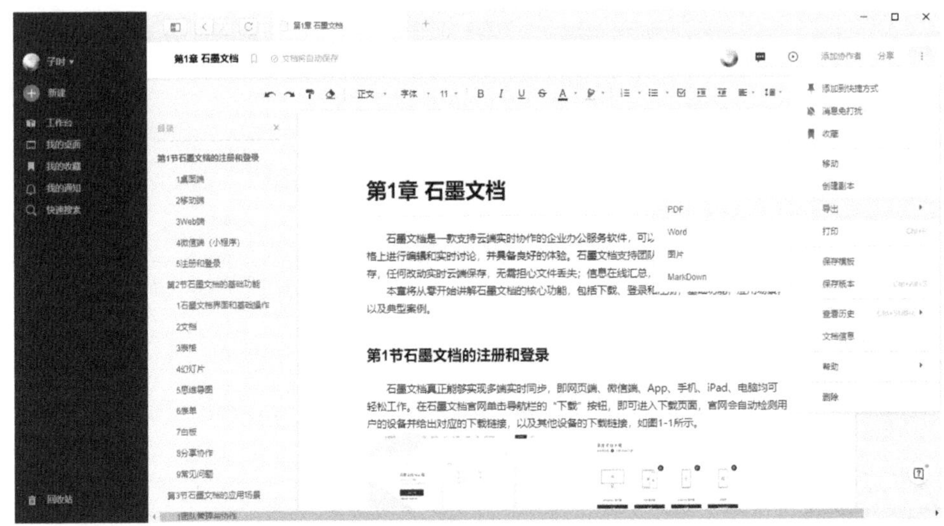

图 4-14

文档的分享与协作

文档通过右上角的“添加协作者”添加共同协作成员，在搜索框中通过手机、邮箱、姓名和微信等方式添加协作者。以添加微信好友为例，将光标移动到“添加微信好友”可以用自己的手机扫描二维码，将生成的邀请按照提示发送给好友，好友打开后即可加入到文档中参与协作，文档拥有者可以更改协作者的权限或移除协作者，如图 4-15 所示。

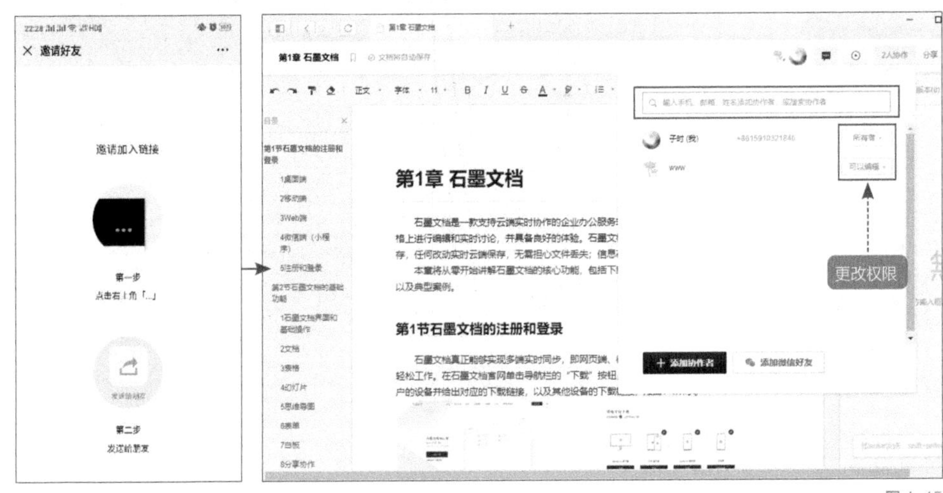

图 4-15

石墨文档还可以通过链接和二维码进行分享，打开“公开分享”后获取链接或扫码可以对文档进行阅读或编辑，否则协作者仅有对文档进行访问的权限，如图 4-16 所示。

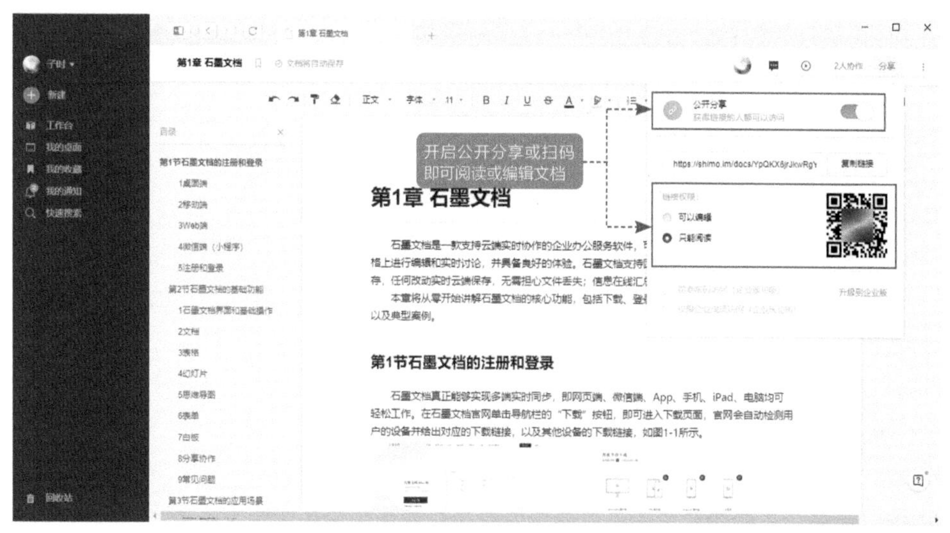

图 4-16

▍文档版本管理

在协作编辑在线文档过程中不同的人对文档进行编辑可能会导致文档版本混乱，可以在修改之前将文档保存版本，在查看历史中可以找到保存的版本并选择需要的文档版本进行恢复，这样就不用担心文档修改出现错误后找不到原始文档的问题，如图 4-17 所示。

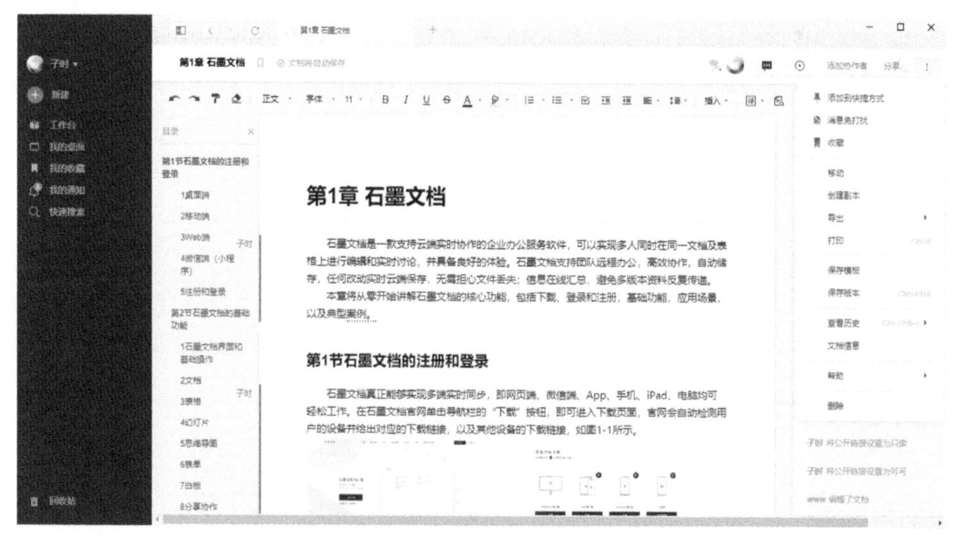

图 4-17

3 表格

石墨文档的表格支持本地文档和在线文档无损耗的进行导入导出，不用担心表格出现乱码。石墨文档的表格提供上传附件、提及某人和单位换算等功能。除此之外石墨文档的表格和本地的表格在使用上非常相似，也可以添加图片、修改输入文字的属性、修改表格的样式等，不用担心使用起来存在困难，如图 4-18 所示。

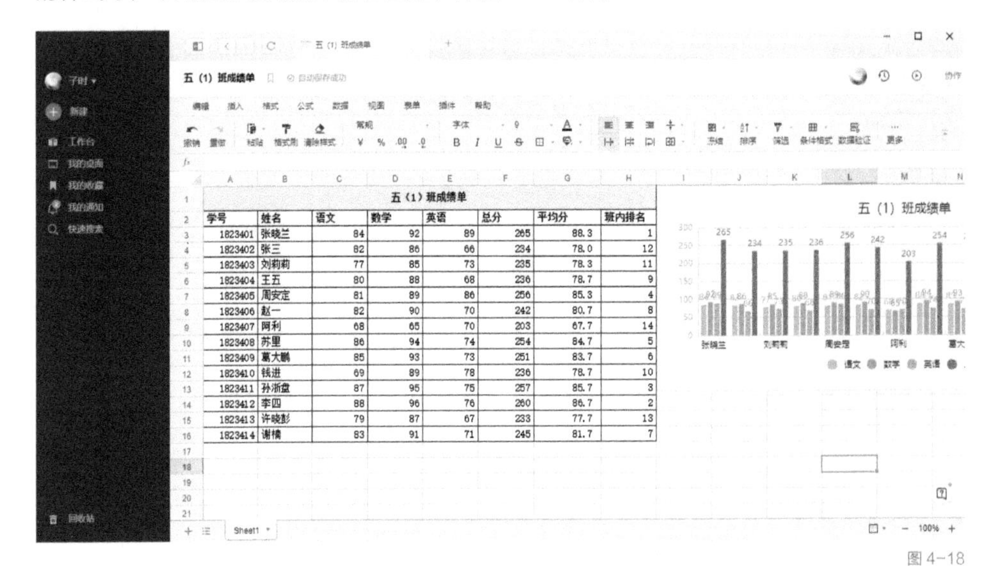

五（1）班成绩单							
学号	姓名	语文	数学	英语	总分	平均分	班内排名
1823401	张晓兰	84	92	89	265	88.3	1
1823402	张三	82	86	66	234	78.0	12
1823403	刘莉莉	77	85	73	235	78.3	11
1823404	王五	80	88	68	236	78.7	9
1823405	周安定	81	89	86	256	85.3	4
1823406	赵一	82	90	70	242	80.7	8
1823407	阿利	68	65	70	203	67.7	14
1823408	苏里	86	94	74	254	84.7	5
1823409	葛大鹏	85	93	73	251	83.7	6
1823410	钱进	69	89	78	236	78.7	10
1823411	孙浙盘	87	95	75	257	85.7	3
1823412	李四	88	96	76	260	86.7	2
1823413	许晓彭	79	87	67	233	77.7	13
1823414	谢楠	83	91	71	245	81.7	7

图 4-18

4 幻灯片

在石墨文档中创建的幻灯片支持添加多种样式页面，可设置页面背景填充并将填充的颜色一键应用到所有的幻灯片使整体风格统一。在页面中可以输入文字，插入图片、形状等，选中页面上的元素后可以对其属性进行详细的设置。在设计好页面样式和内容后可以设置页面的切换动画，并将动画一键应用到所有页面，如图 4-19 所示。

图 4-19

5 思维导图

石墨文档思维导图支持导图视图和大纲视图，也可以同时显示。选中一个主题后可以通过添加父主题、同级主题或子主题来创建思维导图，主题中还支持插入图片。创建好的思维导图可以切换布局，分为左侧布局、右侧布局和平均布局。制作思维导图的画布还可以进行放大，在制作过程中可以选择进入专注模式，不受界面上其他内容的影响，如图 4-20 所示。

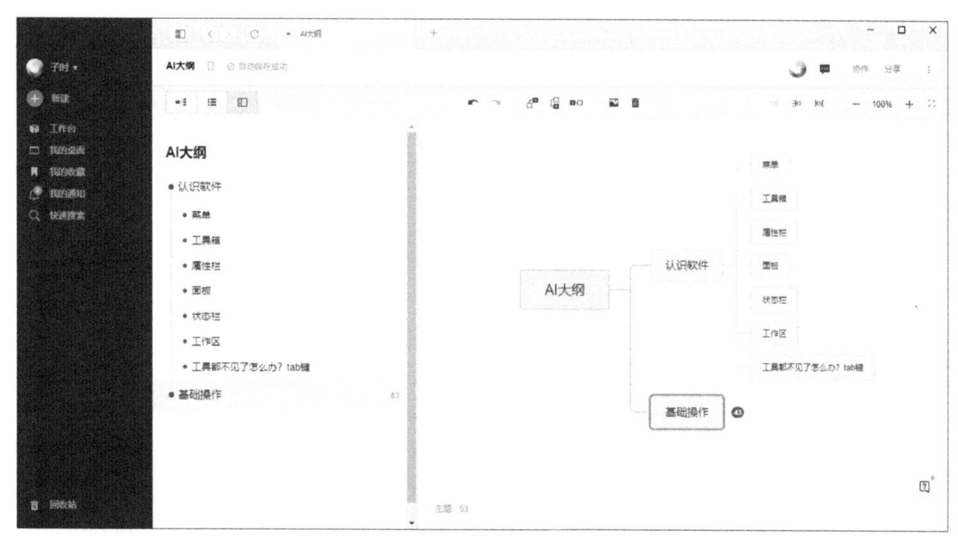

图 4-20

6 表单

石墨文档的表单可以通过单击添加左侧的通用项目，单击选中已添加的项目可以设置项目题目，添加项目选项，设置必填、复制、删除等，如图 4-21 所示。

图 4-21

针对已设置的问题项可以添加规则，例如第一题选择“都不喜欢”的对象需要回答额外的书名，而没有选择的对象就不用回答该问题，如图 4-22 所示。

图 4-22

设置好问题项及规则后可以单击“预览”查看表单完成效果，预览表单没有问题后可以将表单发布进行填写，如图 4-23 所示。表单发布后可以在“回复详情”中查看表单的填写情况，在“统计结果”中查看表单填写的统计情况，停止表单即可不再收集表单内容的回复。

图 4-23

7 白板

石墨文档的白板上可以插入文字、图片、直线、形状等元素，还可以直接用画笔进行绘制，如图 4-24 所示。

图 4-24

8 分享协作

石墨文档中不仅各种类型的文档可以邀请成员进行分享协作，还可以创建文件夹邀请成员进行分享协作。创建好文件夹并打开后可以通过单击文件夹名称后的⚙，选择“协作”来添加协作者，该按钮在光标悬浮在文件夹上方时也会出现，或打开文件夹后通过界面右侧协作者成员后面的“+”按钮添加协作者，如图 4-25 所示。

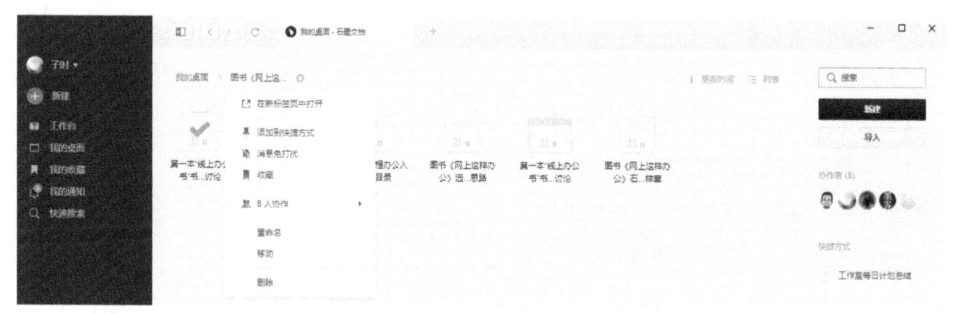

图 4-25

4.1.3 石墨文档的应用场景

石墨文档的功能并不庞杂，作为一个网上协作办公工具，它提供的高效工具能够适应工作中的各种场景。下面以一本名为《Adobe Photoshop 国际认证培训教材》的图书产品为例讲解在实际的线上办公中如何使用石墨文档的多种功能。一本技术类图书的诞生非常不易，需要很多人为之付出努力，作者、编辑、设计、营销等。大家通常不在一起办公，作者通常有自己的本职工作，只能利用业余时间来完成图书的写作，这就需要借助网上协作文档的方式来解决。

1 团队管理与协作

在本次项目中由 boxer 负责本书的整体策划，由妙雅负责整本图书的进度，包括与作者、设计师、营销人员的密切沟通，甜不辣 vivi 负责图书的营销工作，phia 负责本书的设计工作，以及两位作者宽和老钟，整个项目将由以上人员协作完成。

1 制定和回顾本周计划

在《Adobe Photoshop 国际认证培训教材》这本书的执行过程中，每周大家都会在线上开一次例会，使用文档来回顾上周的工作成果并制定本周的工作计划。

首先由图书总策划 boxer 发起了一次周例会，要求各负责的小伙伴填写具体内容，做好会议前的准备，如图 4-26 所示。

图 4-26

当时编辑妙雅正在作者老钟家中沟通这本书的案例，作者的笔记本分辨率不符合随书视频录制的标准，于是编辑妙雅在手机上做完周报后，向图书总策划 boxer 提出了协助需求。其中，样式的设定均是在移动端完成的，如图 4-27 所示。

图 4-27

负责营销工作的甜不辣 vivi 列举了手头有关的营销工作，其中做营销物料设计、写推荐语的工作需要有其他同时的配合，所以营销甜不辣 vivi @ 相应的小伙伴，以及自己，如图 4-28 所示。

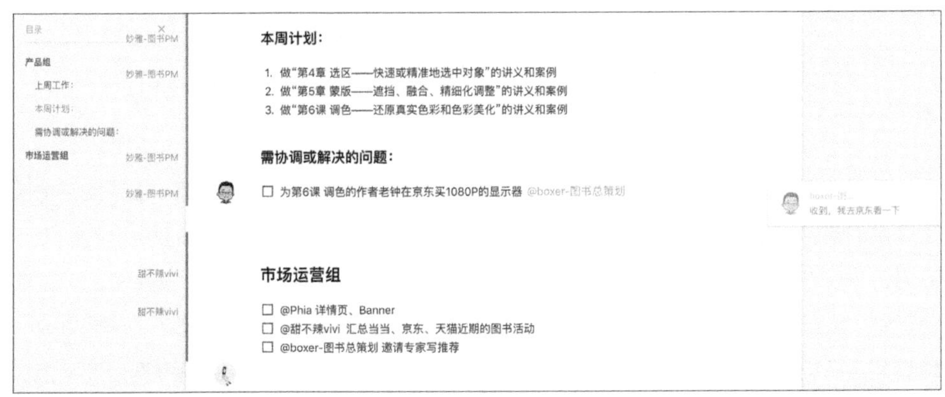

图 4-28

此时图书还处于生产的过程中，未涉及销售，因此没有在会议中加入负责销售的小伙伴。至此，一个为周报会议准备的文档就完成了，由三位小伙伴协作完成。

扫描图 4-29 所示的二维码即可观看本案例的视频演示。

图 4-29

2 多人项目讨论

这本书由编辑、作者分析了大量市场上的同类产品并形成策划思路，在图书执行过程中，作者的每个讲解案例都和编辑反复地进行了推敲，每次做完案例后，作者需要整理出一份讲义，并通过幻灯片与编辑进行沟通。PPT 由作者在石墨文档中完成，如图 4-30 所示。与编辑沟通完毕后，导出一个 .pptx 格式的线下版本，用作随书资源供读者下载。

扫描图 4-31 所示的二维码即可观看本案例的视频演示。

图 4-30

图 4-31

3 在线头脑风暴

决定每一章要讲什么内容不是一件容易的事情，通常需要用思维导图串联讲解思路，并由作者将思路讲给编辑，此时，编辑也可以把自己的想法通过思维导图呈现给作者，如图 4-32 所示。

在讨论的过程中，一些比较晦涩的知识，作者会通过白板和数位板（这本书的作者本身会画画，所以经常使用数位板）形象地演示给编辑进行确认，如图 4-33 所示。

扫描图 4-34 所示的二维码即可观看本案例的视频演示。

图 4-32

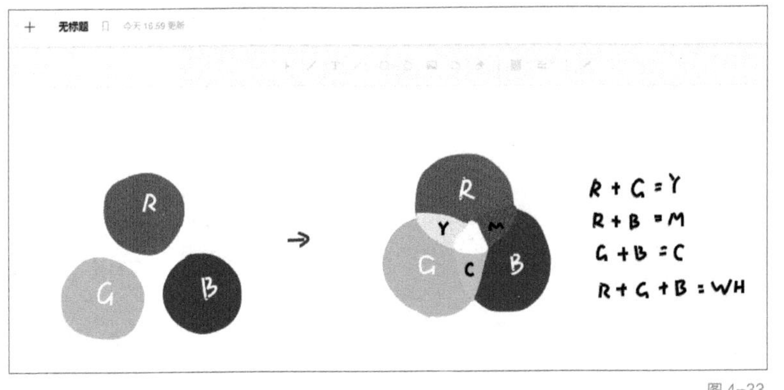

图 4-33

图 4-34

2 图书执行

图书生产出来能否成为一本畅销书的关键是能否满足读者的需求，所以前期团队需要营销人员对市场进行调研，了解用户的实际需求，根据用户需求调研结果制定图书策划方案，然后根据策划方案明确图书执行计划。

1 市场调研

营销甜不辣 vivi 使用文档完成用户调研并整理、共享给图书制作团队成员。在文档中通过 @ 和高亮的形式提醒团队成员重点关注的内容，如图 4-35 所示。

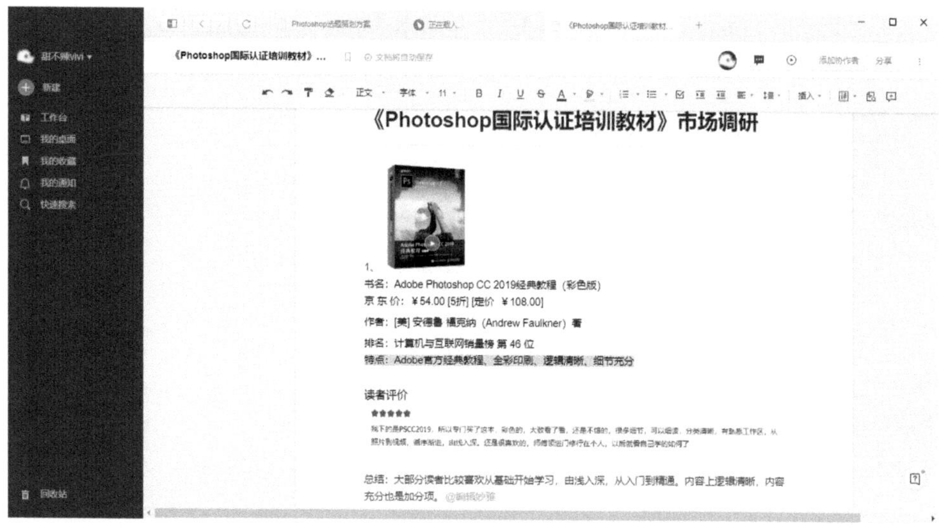

图 4-35

2 图书策划方案

根据用户调研结果，图书总策划使用文档制定图书策划方案，上传到石墨文档中，共享给团队成员，在文档中明确了团队成员的任务，并 @ 相应成员，如图 4-36 所示。

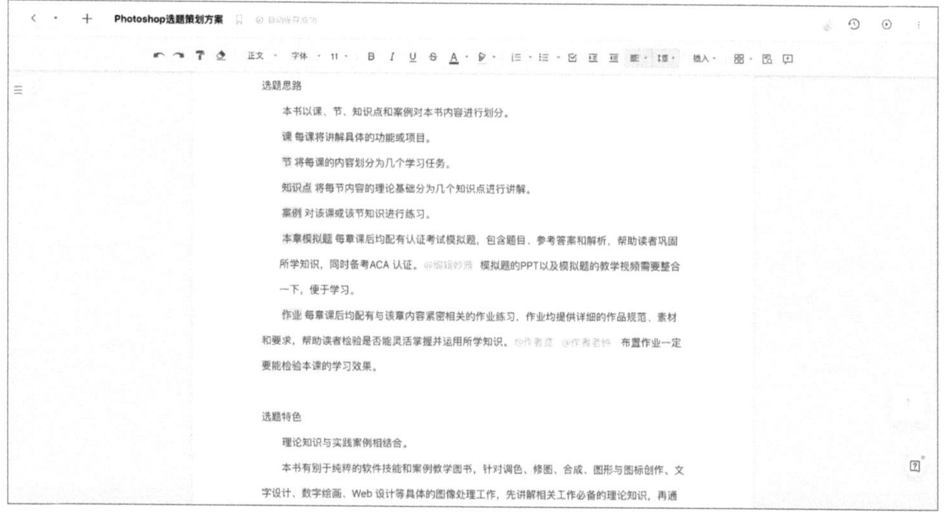

图 4-36

3 项目跟进

这本图书与传统图书不同，除了需要准备文字书稿，还需要准备相应的讲义、案例和视频，而且本书章节比较多，所以明确图书执行内容和任务分配后，编辑妙雅将执行计划以表格的形式记录到文档中，并邀请作者成为协作者，随时明确图书执行的进度，如图 4-37 所示。

扫描图 4-38 所示的二维码可观看本案例的视频演示。

《Photoshop国际认证培训教材》图书执行计划

具体章节	作者	交稿时间	编辑是否收到稿件	讲义/案例/视频是否已收	编辑处理返回作者	作者修改返回编辑	备注
第 1 课 走进神奇的 Photoshop 世界	@作者老钟	2020/3/1	已收到	已收到	已返回	已返回	
第 2 课 图片的基础知识与常用操作	@作者宽	2020/3/1	已收到	已收到	已返回	已返回	
第 3 课 图层——将对象分离	@作者老钟	2020/3/3	已收到	已收到	已返回	未返回	
第 4 课 选区——快速、精准地选中对象	@作者宽	2020/3/3	已收到	已收到	已返回	未返回	
第 5 课 蒙版——遮挡、融合、精细化调整	@作者老钟	2020/3/9	已收到	已收到	收到，未返回		
第 6 课 调色——还原真实色彩和色彩美化	@作者宽	2020/3/9	已收到	已收到	收到，未返回		
第 7 课 修图——人像、产品的修复与美化	@作者宽	2020/3/12					
第 8 课 通道——色彩和选区信息的视觉呈现	@作者老钟	2020/3/12					
第 9 课 合成——创建想象中的画面	@作者宽	2020/3/19					
第 10 课 图形工具组与图层样式——图形、图标的创作	@作者老钟	2020/3/19					
第 11 课 文字——图文结合	@作者老钟	2020/3/25					
第 12 课 数字绘画入门	@作者老钟	2020/3/28					
第 13 课 Web 设计入门	@作者宽	2020/3/19					
第 14 课 动画与视频——让画面动起来	@作者宽	2020/3/25					
第 15 课 动作和批处理	@作者宽	2020/3/28					
第 16 课 创意海报	@作者宽	2020/3/31					

图 4-37

图 4-38

4.2 WPS+ 云办公

WPS+ 云办公可以实现实时在线协同、团队文档管理等功能，与石墨文档相比，WPS 以功能非常强大的 WPS Office 为中心构建网上办公生态。

4.2.1 WPS Office

WPS Office 是一款支持文字、演示、表格等多种格式的办公软件套装。

1 全平台客户端

WPS Office 在桌面端和移动端均可使用，在 WPS 官网首页可以根据需求下载相应的客户端，如图 4-39 所示。

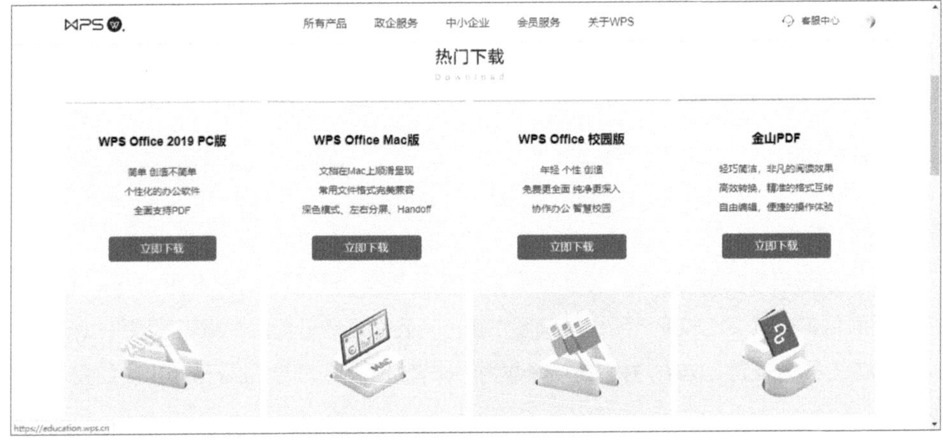

图 4-39

1 桌面端

WPS PC 和 Mac 的桌面端均需要在官网进行下载，安装完成后界面如图 4-40 所示。

2 移动端

在 iOS 和 Android 对应的软件商店可以下载到 WPS 的移动端 App，移动端界面如图 4-41 所示。

图 4-40

图 4-41

3 注册和登录

WPS 客户端支持第三方账号登录，包括微信、钉钉、微博等，还支持手机验证登录。手机验证登录后，软件自动以该手机另创建 WPS 账号。

2 一款软件完成所有办公文档

WPS 支持多种格式的办公软件，包括文字、表格、演示、流程图、PDF 等，用户只需要下载这一个软件就可以轻松实现多种办公文件的切换。

1 文字

在 WPS 文字文档中可以输入文字，插入图片、形状等元素，对页面版式进行设计，是办公中最常用的文件格式之一，详细介绍如下。

新建文字

在 WPS 客户端首页，有三种方法可以快速进入新建标签页，第一种是单击首页上的“新建”按钮，第二种是单击标签栏的“新建标签”按钮，第三种是按快捷键【Ctrl】+【N】，如图 4-42 所示。在新建标签页单击“新建空白文档”即可创建文字文档。

图 4-42

除了新建空白文档外，WPS 还提供了海量的模板供用户使用，包括常用的求职简历、职业规划、绩效考核等模板。用户可在新建文字时使用推荐模板或在首页单击“从模板新建”按钮，使用模板新建文字，如图 4-43 所示。

在 WPS 移动端首页单击右下角的“ + ”按钮，在弹出的页面中单击“新建文档”按钮，在弹出的新建文档界面单击“新建空白”即可创建一个空白文档，如图 4-44 所示。

图 4-43

图 4-44

保存文字

WPS 属于本地办公软件，在使用过程中需要随时进行保存，避免因为电脑意外宕机而丢失文件。在关闭文档时，软件会弹出是否保存的提示框，提示用户进行保存。如果是在 WPS 客户端中创建的文档，在保存并关闭后文档会自动上传到 WPS 云端，用户可以在移动端和桌面端之间无缝衔接使用该文档。在移动端如果不小心在关闭时选择了“不保存”，还可以在弹出的提示框中选择“找回文档”或在我的界面中选择 WPS 云服务，在界面中也可以找到“找回文档”，如图 4-45 所示。

图 4-45

▌编辑文字

在 WPS 桌面端新建文档后，文档默认名称为“文字文稿 1”，用户可以在第一次保存时弹出的提示框中修改文件名，如图 4-46 所示。

输入文字后可以在开始选项卡下设置文字属性、段落属性以及样式和格式，设置好的样式和格式可以选择视图选项卡下的“导航窗格”进行查看，如图 4-47 所示。

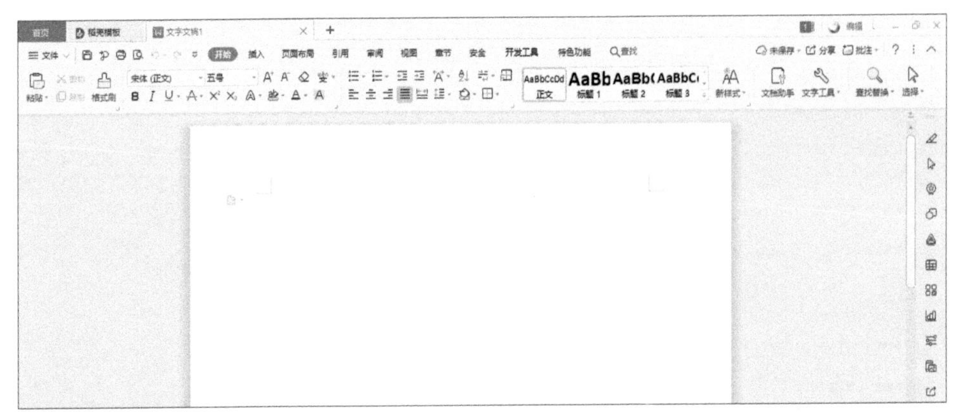

图 4-46

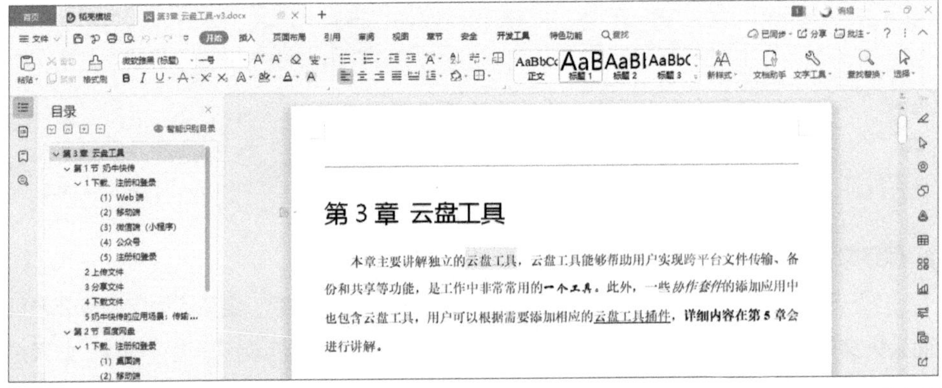

图 4-47

在 WPS 移动端创建好文字文档后可以直接通过键盘输入文字，除此之外还支持语音输入和自由绘制。长按文档中的文字即可选中文字，可以在工具栏中选择修改文字的大小和对齐方式，详细参数设置可以单击 ⊞ 弹出所有选项，在开始选项下可以修改文字的字体、字号、对齐等属性，如图 4-48 所示。

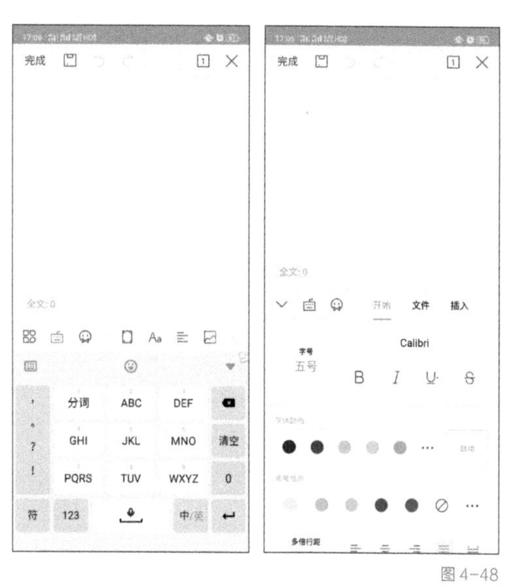

图 4-48

插入元素

在插入选项卡下可以根据实际情况插入各种元素，包括图片、图形、图表、页码、文本框和批注等，如图 4-49 所示。

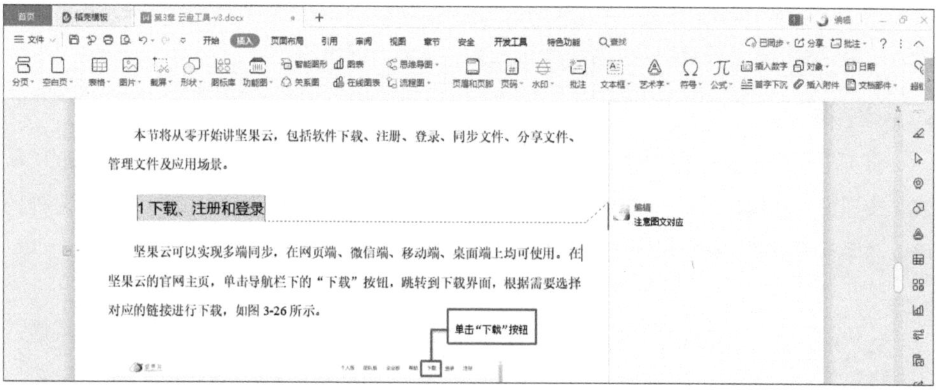

图 4-49

在 WPS 移动端单击 ⊞ 弹出所有选项，在插入选项下可以插入图片、形状、文本框等元素，单击选中插入的元素，可以对其属性进行详细的设置，如图 4-50 所示。

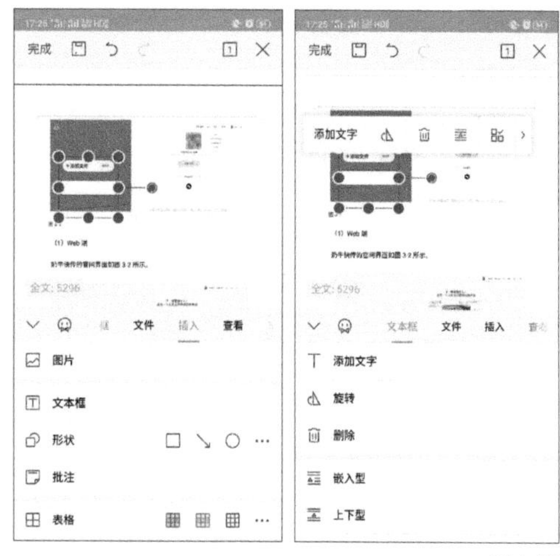

图 4-50

页面布局

在页面布局选项卡下可以对页面的整体布局进行设计，包括设置页边距、页面背景、页面边框等，如图 4-51 所示。

在 WPS 移动端单击 ⊞ ，在查看选项下可以设置页面背景颜色、纸张大小、纸张方向等属性，如图 4-52 所示。

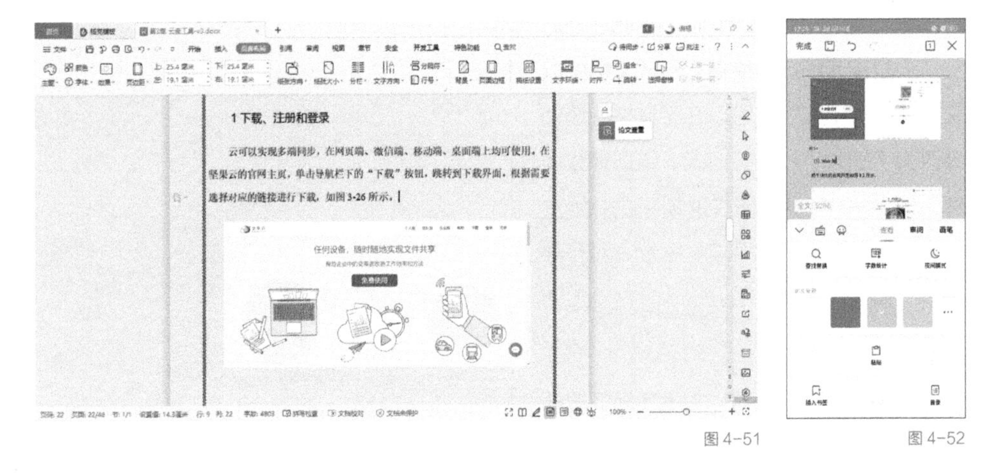

图 4-51　　图 4-52

2 表格

在 WPS 表格文档中可以统计数据，使用函数进行运算等操作。这里主要介绍数据的输入、单元格样式的设计以及表格的页面布局，详细介绍如下。

新建表格

在 WPS 桌面端新建表格的方法与新建文字的方法类似，可以通过首页或标签栏的“新建”按钮进入新建标签页，选择“表格”，即可在界面中选择新建空白文档，除此之外还可以选择不同类型的模板进行创建，如图 4-53 所示。

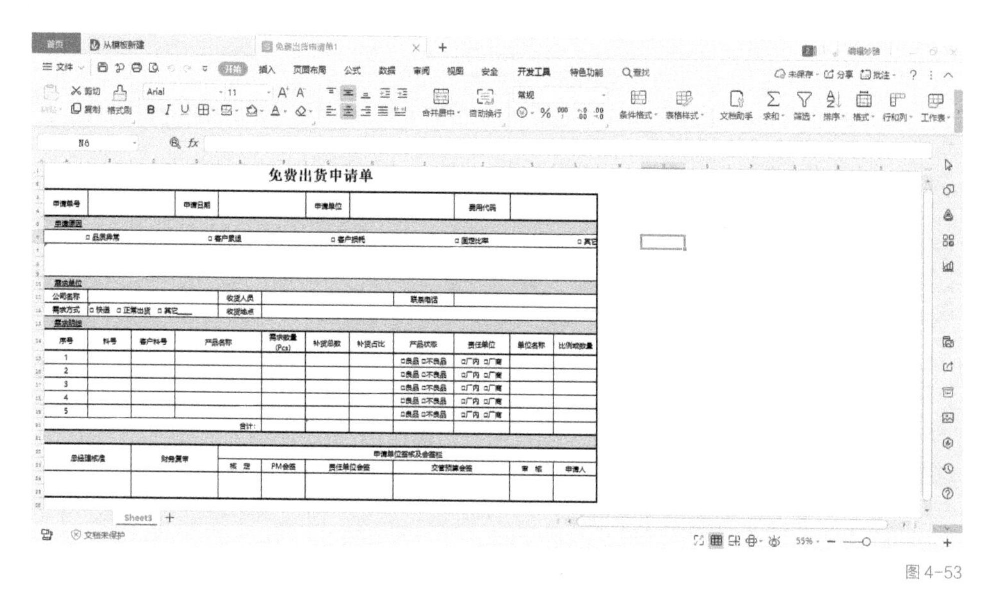

图 4-53

在 WPS 移动端新建表格和新建文字类似，单击右下角的“+”按钮，在弹出的页面中单击“新建表格”按钮，在弹出的新建表格界面单击“新建空白”按钮即可创建一个空白表格，或者选择模板进行创建，如图 4-54 所示。

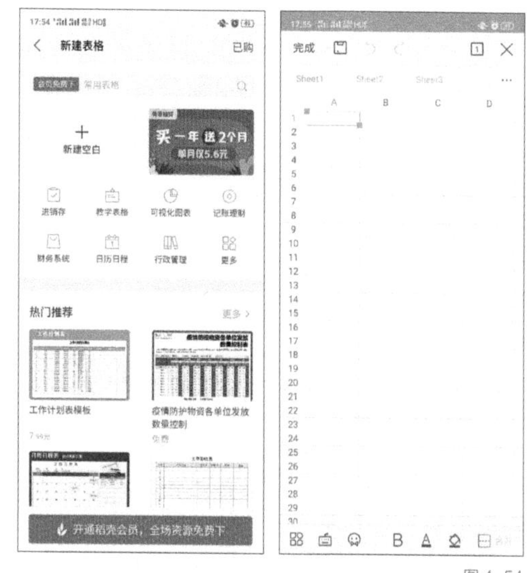

图 4-54

保存表格

WPS 属于本地办公软件，在使用过程中需要随时进行保存，避免因为电脑意外宕机而丢失文件。在关闭表格时，软件会弹出是否保存提示框，提示用户进行保存。如果是在 WPS 客户端中创建的表格，在保存并关闭后表格会自动上传到 WPS 云端，用户可以在移动端和桌面端之间无缝衔接使用该表格。

编辑表格

在 WPS 桌面端新建表格后，默认名称为“工作簿 1”，用户可以在第一次保存时弹出的提示框中修改文件名。在表格文档中可以通过编辑栏或直接选择单元格进行输入，如图 4-55 所示。

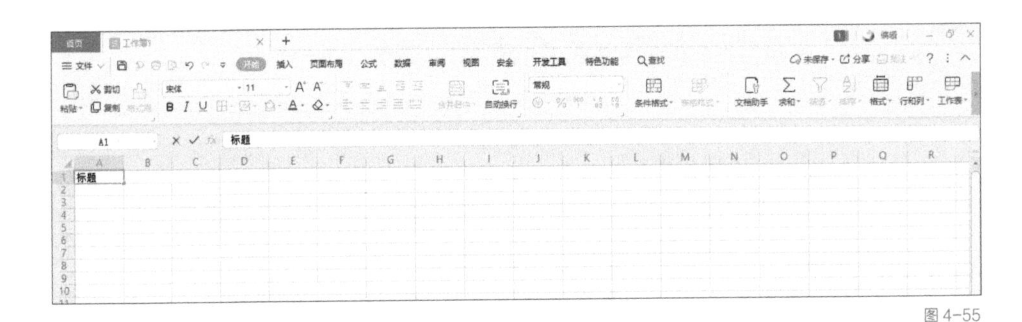

图 4-55

在单元格中输入文本后可以根据需求在开始选项卡下对文字属性和单元格格式进行设置，包括字体、字号，以及单元格合并居中、添加边框等，如图 4-56 所示。

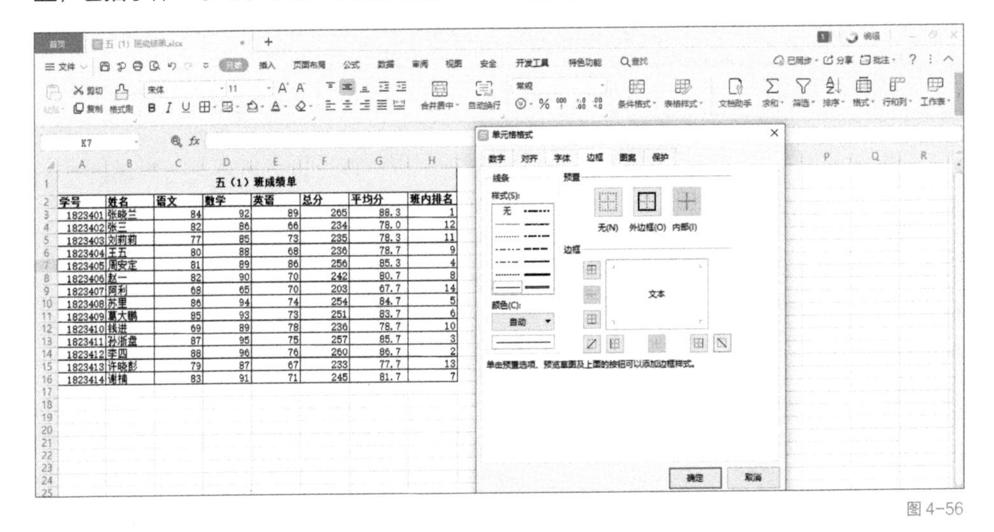

五（1）班成绩单

学号	姓名	语文	数学	英语	总分	平均分	班内排名
1823401	张晓兰	84	92	89	265	88.3	1
1823402	张三	82	86	66	234	78.0	12
1823403	刘莉莉	77	85	73	235	78.3	11
1823404	王五	80	88	68	236	78.7	9
1823405	周安定	81	89	86	256	85.3	4
1823406	赵一	82	90	70	242	80.7	8
1823407	阿利	68	65	70	203	67.7	14
1823408	苏里	86	94	74	254	84.7	5
1823409	葛大鹏	85	93	73	251	83.7	6
1823410	钱进	69	89	78	236	78.7	10
1823411	孙浙盘	87	95	75	257	85.7	3
1823412	李四	88	96	76	260	86.7	2
1823413	许晓彭	79	87	67	233	77.7	13
1823414	谢楠	83	91	71	245	81.7	7

图 4-56

在 WPS 移动端可以单击单元格进行编辑、输入、复制等操作，输入文字后，可以选中单元格，单击 ⊞ 弹出工具选项，在开始选项下可以修改文字的字体、字号、对齐等属性，如图 4-57 所示。

插入元素

在 WPS 桌面端插入选项卡可以根据需求插入图片、截图、形状、表格、文本框等元素来完善表格，如图 4-58 所示。

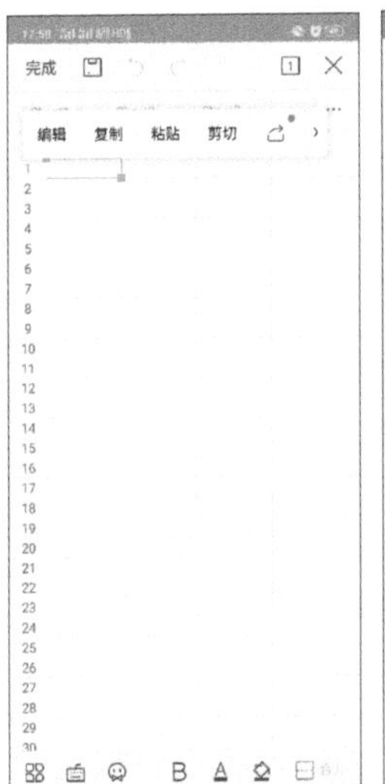

图 4-57

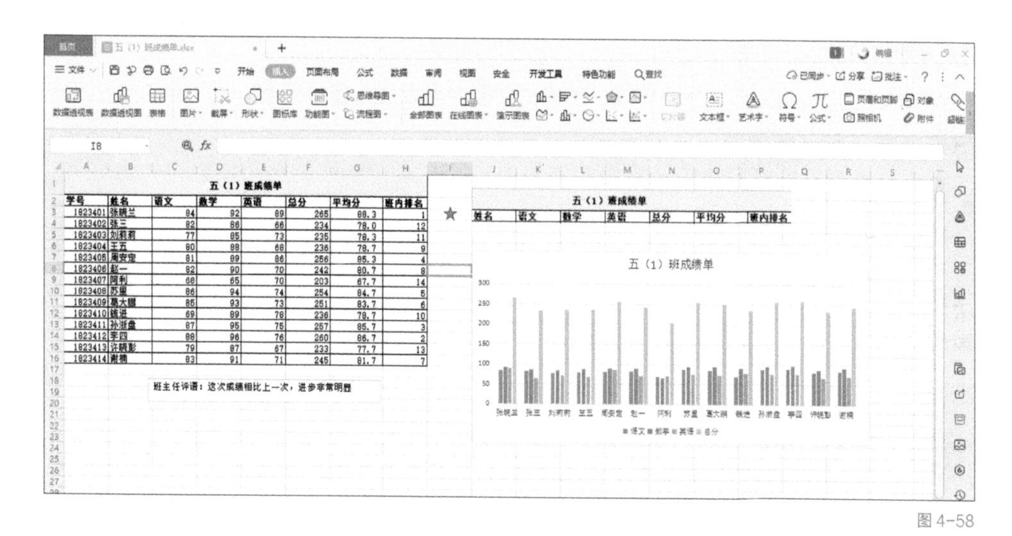

图 4-58

在 WPS 移动端单击 ⊞ 弹出所有选项，在插入选项下可以插入图片、图表、形状、文本框等元素，单击选中插入的元素，可以对其属性进行详细的设置，如图 4-59 所示。

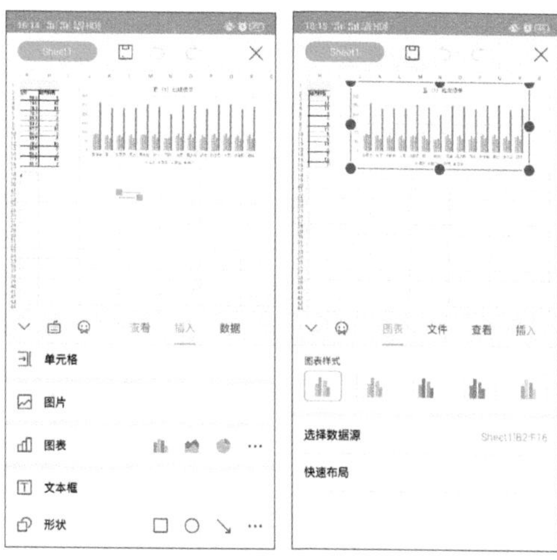

图 4-59

页面布局

在页面布局选项卡下可以对页面进行整体设置，包括纸张方向、纸张大小、页面主题、背景图片以及打印区域等，如图 4-60 所示。

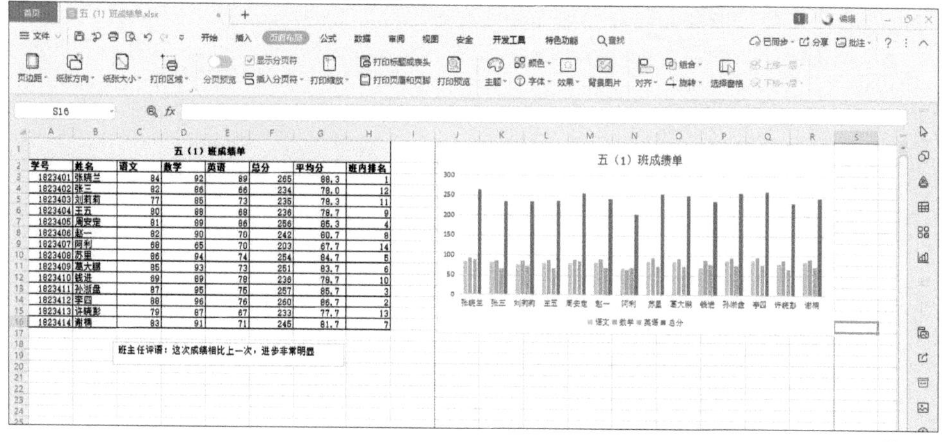

图 4-60

3 演示

在 WPS 中可以创建演示文档，在演示文档中可以插入各种元素，对演示文档进行一键美化等，详细介绍如下。

新建演示

在 WPS 中新建演示文档的方法与新建文字文档的方法类似，通过首页或标签栏的新建按钮进入新建标签页，选择“演示”，即可在其界面中新建空白文档，除此之外还可以选择基于不同类型的模板创建新文档，如图 4-61 所示。

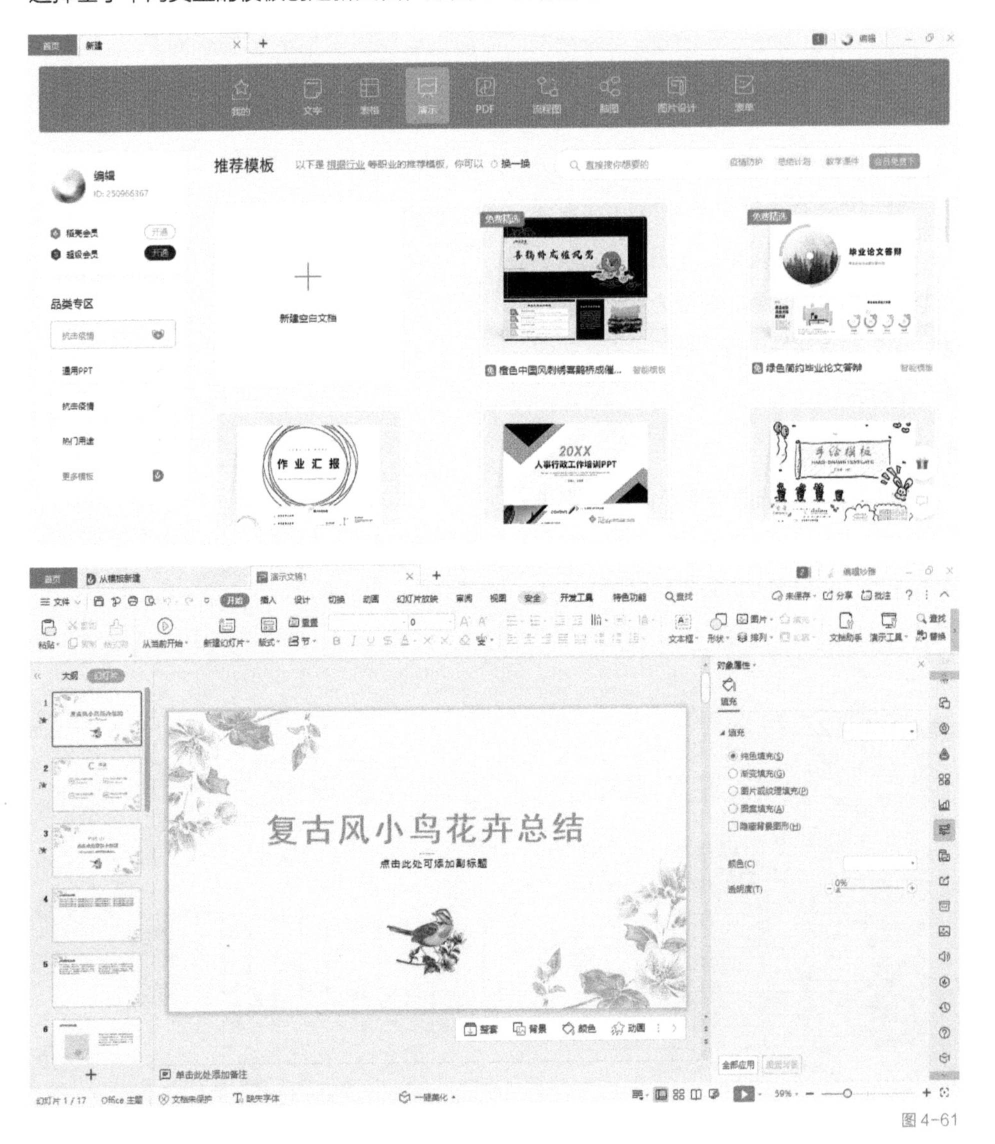

图 4-61

在 WPS 移动端中创建表格和创建文字类似，单击右下角的“+”按钮，在弹出的页面中单击“新建演示”按钮，在弹出的新建文档界面单击“WPS OFFICE”按钮即可创建一个空白演示，如图 4-62 所示。

图 4-62

保存演示

WPS 属于本地办公软件，在使用过程中需要随时进行保存，避免因为电脑意外宕机而丢失文件。在关闭演示文档时，软件会弹出是否保存的提示框，提示用户进行保存。如果是在 WPS 客户端中创建的演示文档，在保存并关闭后演示文档会自动上传到 WPS 云端，用户可以在移动端和桌面端之间无缝衔接使用该演示文档。

编辑演示

新建演示文档后，默认名称为“演示文稿 1”，用户可以在第一次保存时弹出的提示框中修改文件名。在演示文档中可以在开始选项卡下绘制文本框，将文字内容输入到文本框中，在左侧的幻灯片缩略图下还可以添加新的幻灯片，如图 4-63 所示。

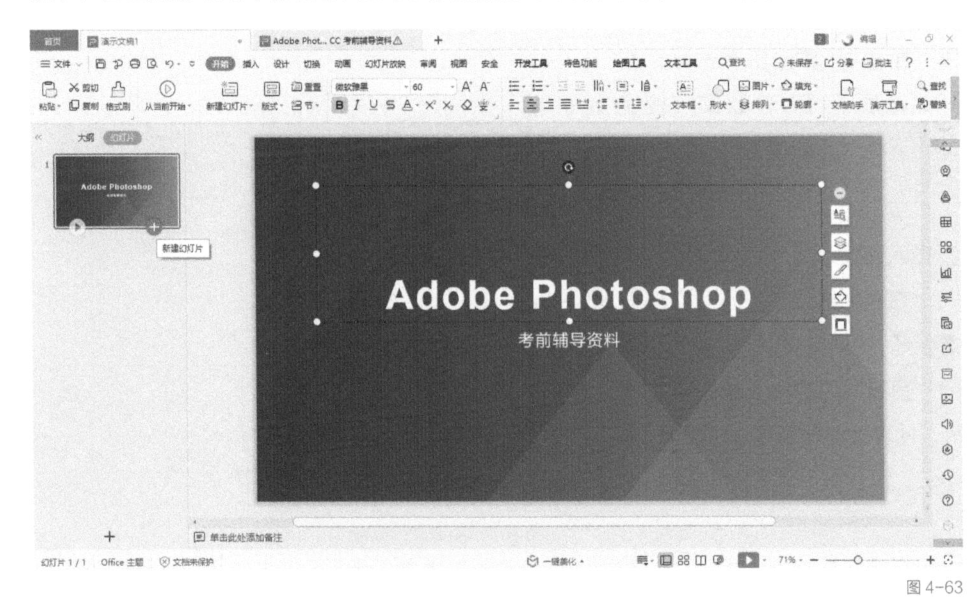

图 4-63

在演示文稿中输入文本后可以在开始选项卡和文本工具选项卡下设置文字的基本属性，在绘图工具选项卡下设置文本框的形状属性。文本属性和形状属性还可以在右侧的任务窗格中进行设置，如图 4-64 所示。

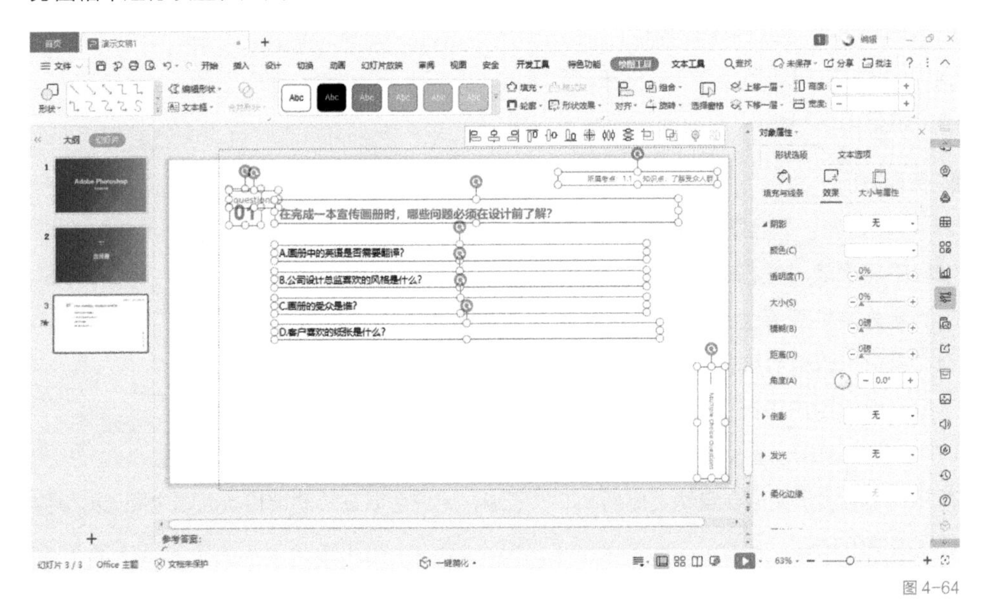

图 4-64

在 WPS 移动端可以长按文本框进行编辑、剪切、复制等操作。输入文字后，可以在输入状态下选中文本框中的文字，单击 ⊞ 弹出所有选项，在开始选项下可以修改文字的字体、字号、对齐等属性，如图 4-65 所示。

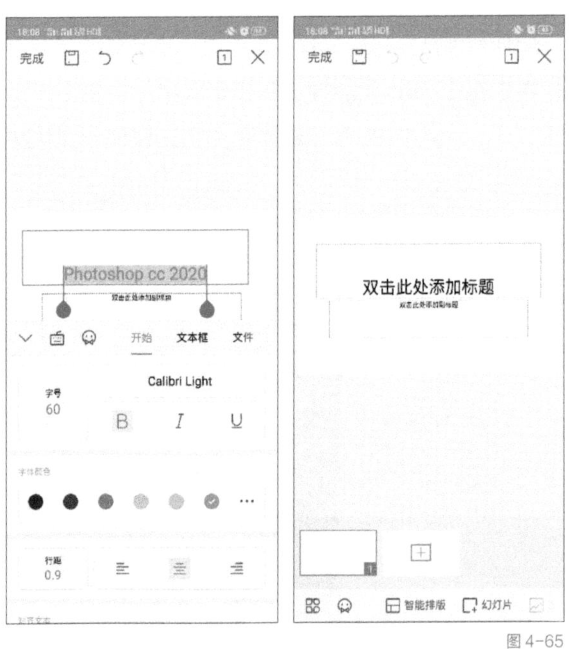

图 4-65

插入元素

在插入选项卡下，可以根据需要插入图片、形状、视频、音频、图标、图表等元素来丰富界面，使界面更加美观，如图 4-66 所示。

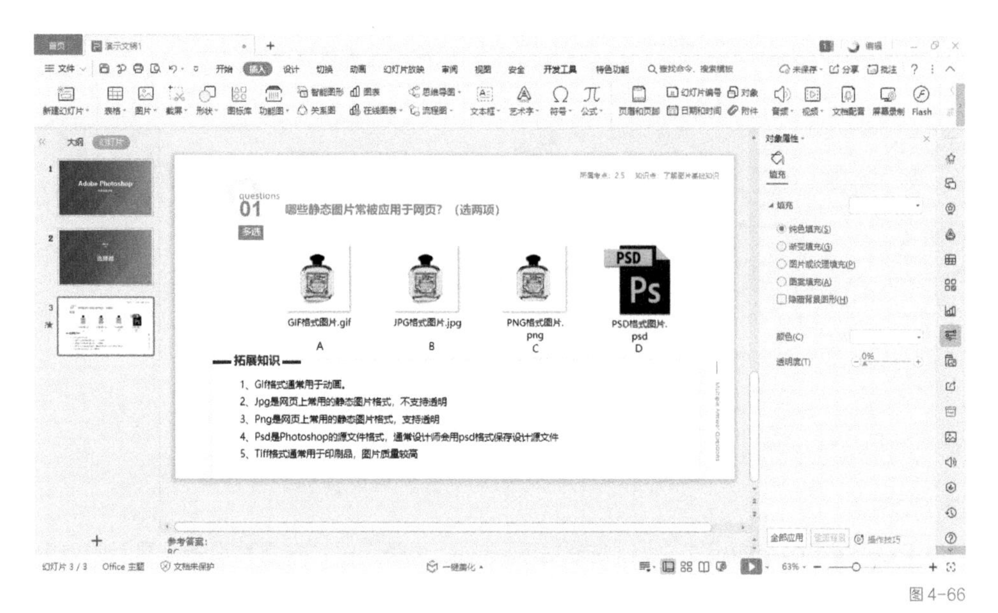

图 4-66

在 WPS 移动端演示文档中单击 ⊞ 弹出所有选项，在插入选项下可以插入图片、背景、形状、文本框等元素，单击选中插入的元素，可以对其属性进行详细的设置，如图 4-67 所示。

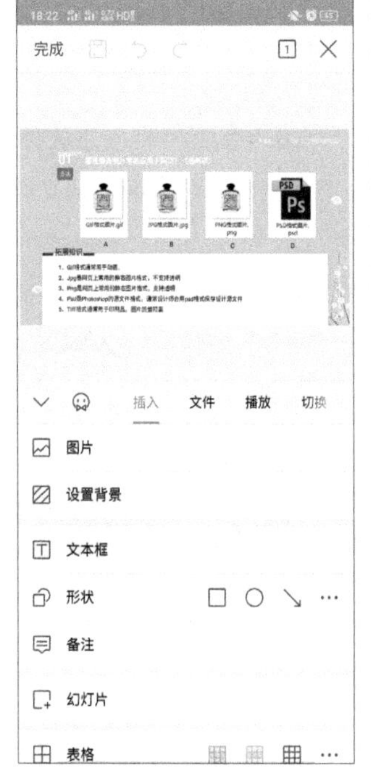

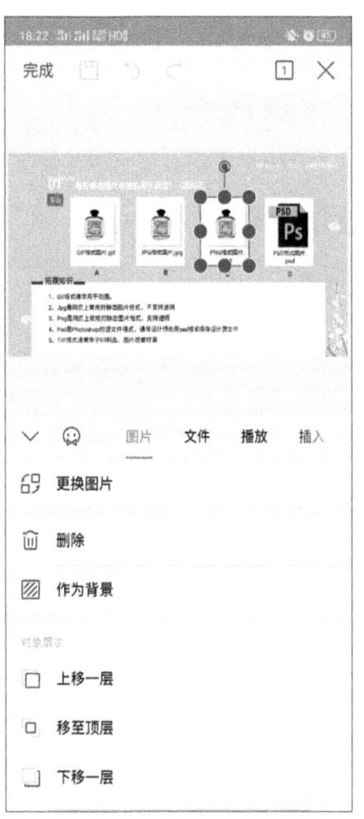

图 4-67

演示文档设计

在 WPS 桌面端设计选项卡下可以通过“更多设计”选择 WPS 提供的海量模板美化 PPT，帮助用户节省大量时间。除此之外，还可以选择背景颜色、一键更换配色方案、选择母版板式等对页面板式进行自定义设计，如图 4-68 所示。

在 WPS 移动端单击 ⊞ ，在设计选项下可以选择颜色背景、智能排版、模板等，美化演示文档，如图 4-69 所示。

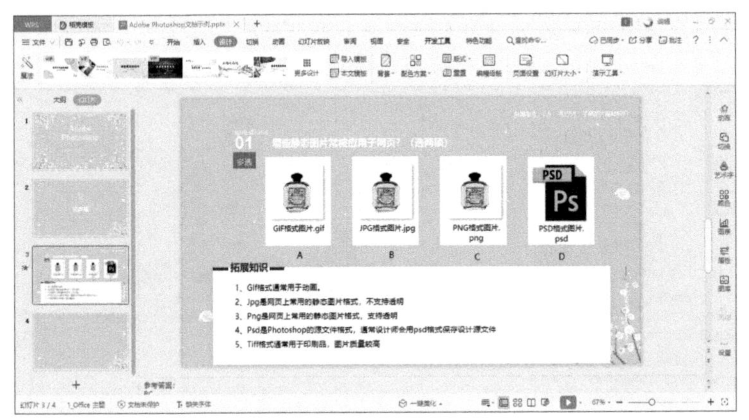

图 4-68

图 4-69

4 PDF

PDF 属于固定的版式文档，它的呈现与显示设备无关，在各种设备上显示的效果都是一致的，不用担心文档内容因为显示设备的变化而发生变化。WPS 支持多种创建 PDF 的方法并且支持 PDF 转换回 Word、Excel 和 PPT，详细介绍如下。

新建 PDF

在 WPS 中新建演示文档的方法与新建文档的方法类似，通过首页或标签栏的新建按钮进入新建标签页，单击“PDF”按钮，可以选择从文件新建 PDF、从扫描仪新建和新建空白页，如图 4-70 所示。

从文件新建 PDF 可以选择将已完成的文字、表格和演示文档转换为 PDF，从扫描仪新建可以选择已连接的扫描仪进行创建，新建空白文档可以选择新建文字、表格或演示文档，在保存时将文件格式设置为 PDF 格式。

图 4-70

在 WPS 移动端中创建 PDF 和创建文字文档类似，单击右下角的“+”按钮，在弹出的页面中单击“新建 PDF”按钮，在弹出的新建 PDF 界面可以选择将文档、图片、扫描文档和网页转成 PDF，如图 4-71 所示。

图 4-71

保存 PDF

在 WPS 中关闭 PDF 文件时，软件会弹出是否保存的提示框，提示用户进行保存。

PDF 编辑和格式转换

WPS 支持对 PDF 的直接编辑，还可以将 PDF 文档转换为 Word、Excel 和 PPT 等流式文档进行编辑，但是普通用户需要购买 WPS 会员才可以使用这些功能，如图 4-72 所示。

图 4-72

5 流程图

流程图可以清晰地将原本需要大量文字描述的过程简单的表现出来，在 WPS 中可以导入或快速创建出流程图，详细介绍如下。

新建 / 导入流程图

在 WPS 中新建流程图的方法与新建文字文档的方法类似，可以通过首页或标签栏的新建按钮进入新建标签页，单击“流程图”按钮，可以选择新建空白图或导入流程图，目前支持导入 .pos 格式文件。如果是稻壳会员，还可以免费使用 WPS 提供的流程图模板进行创建，如图 4-73 所示。

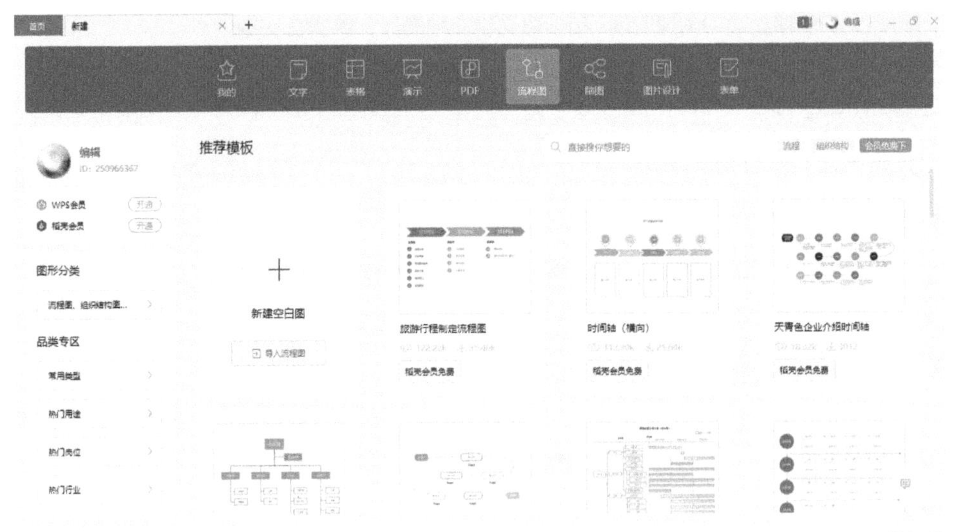

图 4-73

保存和导出流程图

流程图使用时需要保持联网状态，不需要手动保存，内容会实时保存到金山文档，关闭流程图时会弹出“文件重命名提示”，为流程图命名后可以通过应用中的金山文档打开并再次进行编辑。

如果是普通用户，WPS 支持将流程图导出为有水印的图片或 PDF。如果是会员用户可以将流程图保存为 .pos 和 .svg 格式的文件或导出无水印的图片和 PDF 到本地，单击界面左上角的“另存为 / 导出”按钮，即可选择需要的格式进行保存或导出，如图 4-74 所示。

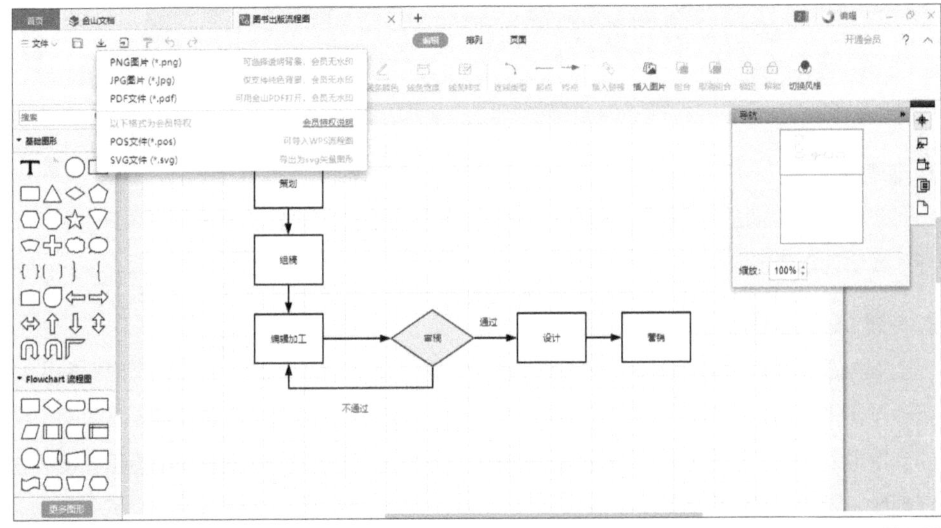

图 4-74

插入图形

在新建好的流程图文档中可以通过拖曳的方式将左侧的图形插入到界面中。当光标放在图形边缘变为“十”字形时可以拖出一条连线，松开鼠标可以在弹出的提示框中选择想要插入的图形，如图 4-75 所示。

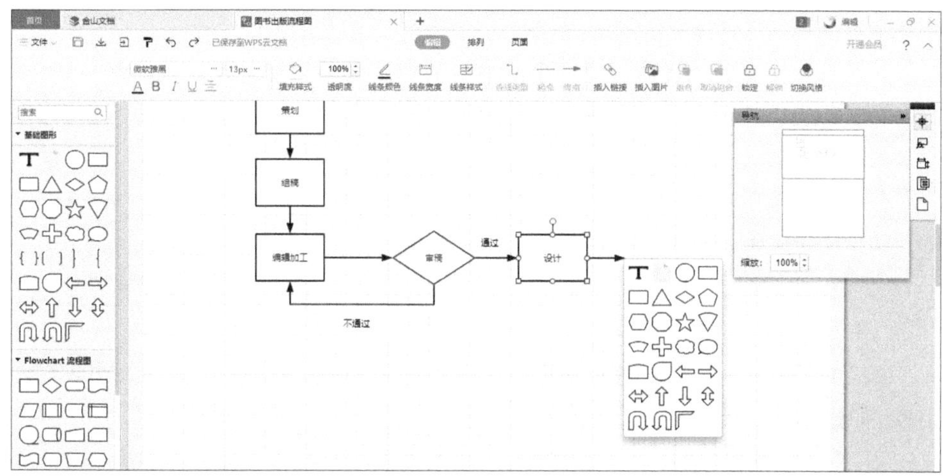

图 4-75

属性设置

将流程图创建好后，可以在编辑选项卡下对流程图的图形填充、连线样式和文字属性等进行设置，如图 4-76 所示。

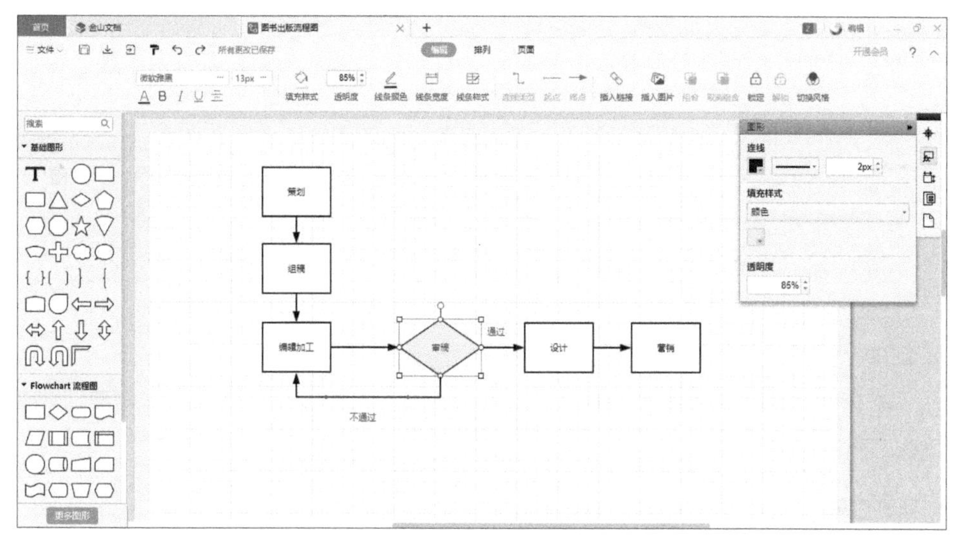

图 4-76

在排列选项卡下可以选中一个或多个图形，调整图形的位置、方向、大小和分布，如图 4-77 所示。

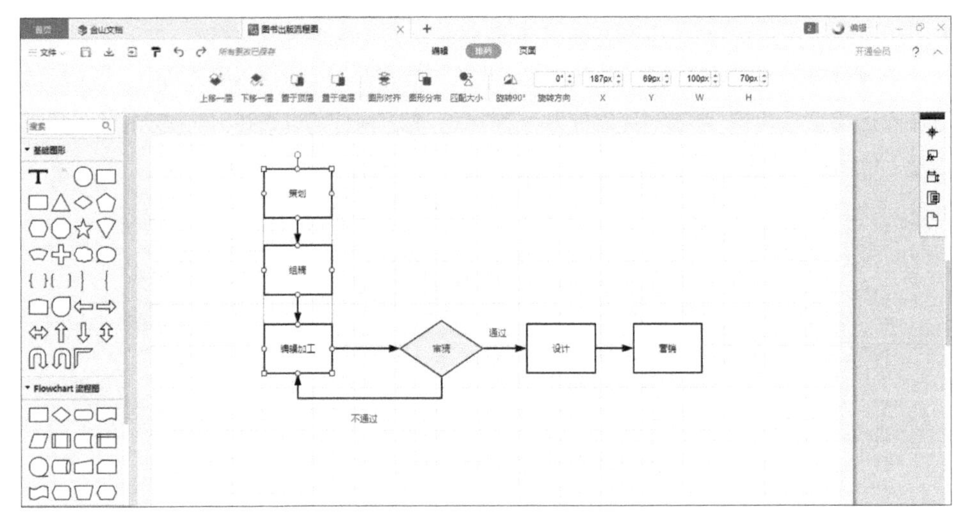

图 4-77

在页面选项卡可以对流程图的背景页面进行设置，包括背景颜色、页面大小和网格大小等，如图 4-78 所示。

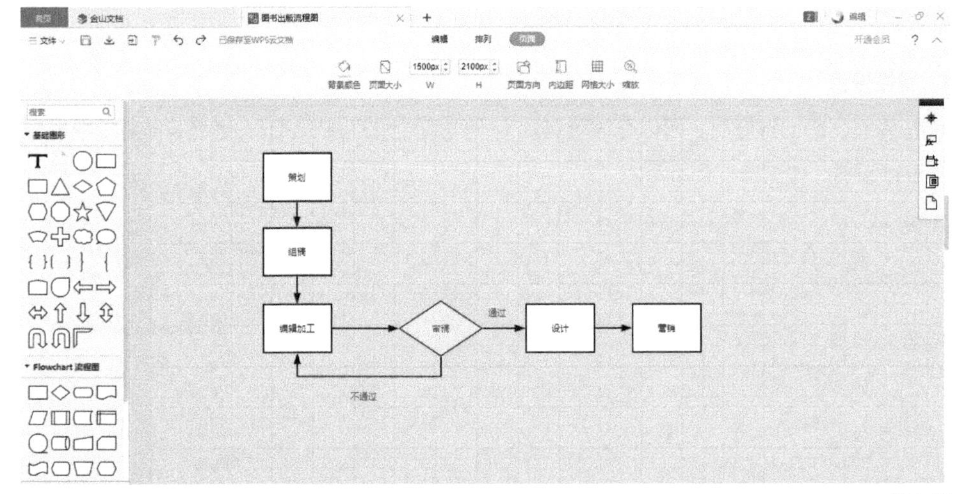

图 4-78

6 表单

表单可以创建信息收集表、统计表等进行数据调查，并自动生成数据统计结果，详细介绍如下。

新建表单

在 WPS 中新建表单的方法与新建文档的方法类似，通过首页或标签栏的新建按钮进入新建标签页，选择“表单”，在表单界面，可以选择新建空白表单或表单模板，如图 4-79 所示。

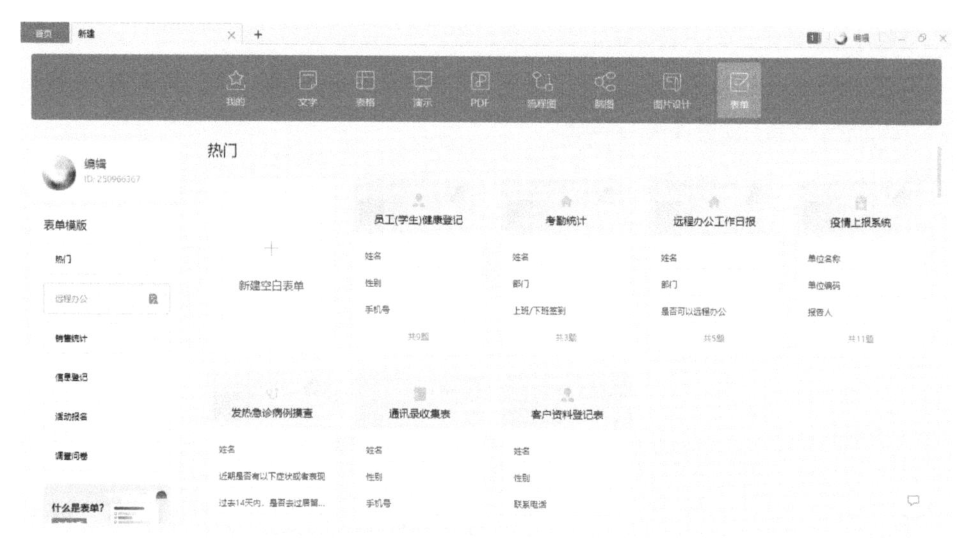

图 4-79

编辑和保存表单

在表单界面可以输入表单标题和描述，通过单击右侧的添加题目和常用题目，将题目插入到界面中，每个题目都可以通过拖曳的形式移动位置，题目编号会随着顺序的改变自动更新。选中一个题目后，可以为题目添加填写限制、设置必填等，如图 4-80 所示。

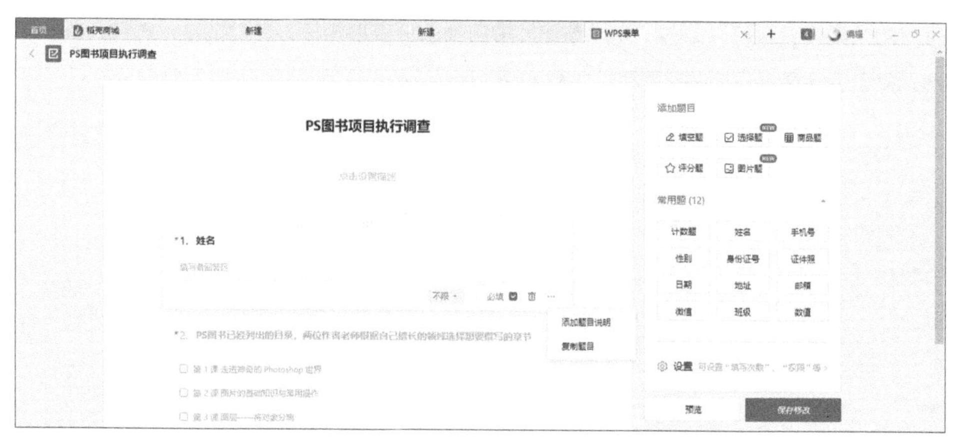

图 4-80

完成表单内容设计后可以对表单填写规则进行设置，包括填写状态、需要登录才能填写等，如图 4-81 所示。如果暂时不想将表单分享给好友进行填写可以单击“保存草稿”，表单自动存储到金山文档中。在 WPS 可以通过应用进入金山文档。

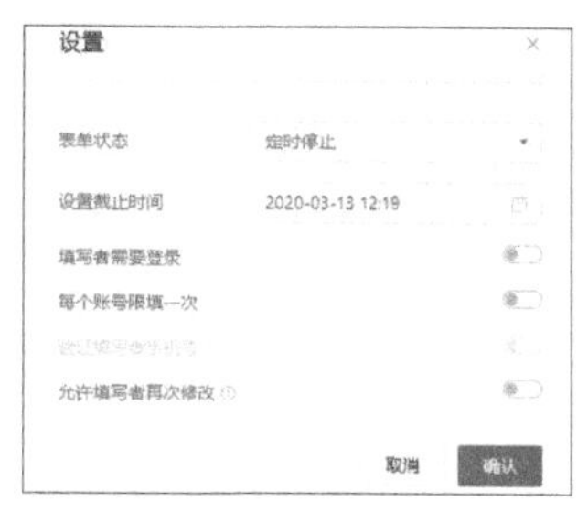

图 4-81

预览并分享表单

表单填写规则设置完成后可以预览表单，单击“预览表单”即可预览表单在桌面端和移动端的显示效果，如图 4-82 所示。

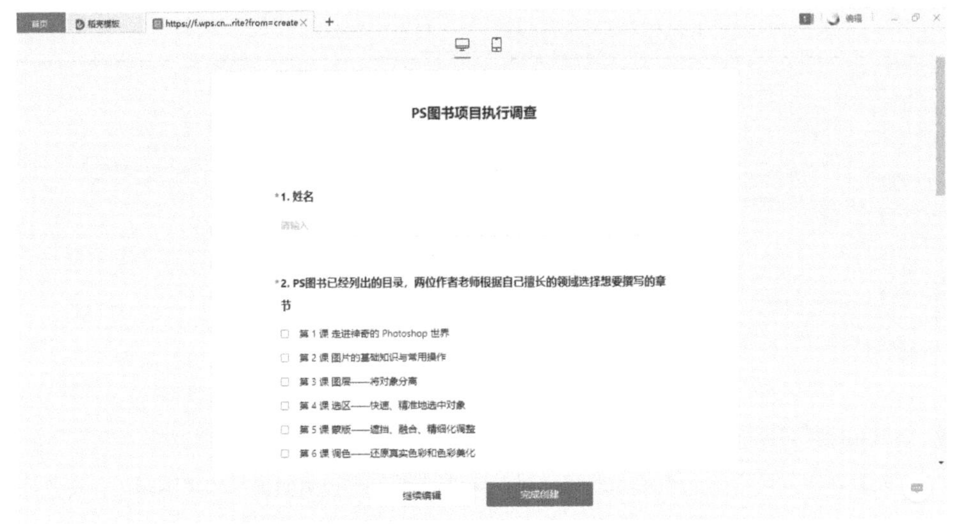

图 4-82

如果对预览效果不满意，可以单击“继续编辑”按钮，继续对表单进行完善。如果对预览的效果很满意可以单击“完成创建”按钮弹出分享提示框，通过链接、微信、QQ 等形式将表单分享给好友进行填写，如图 4-83 所示。

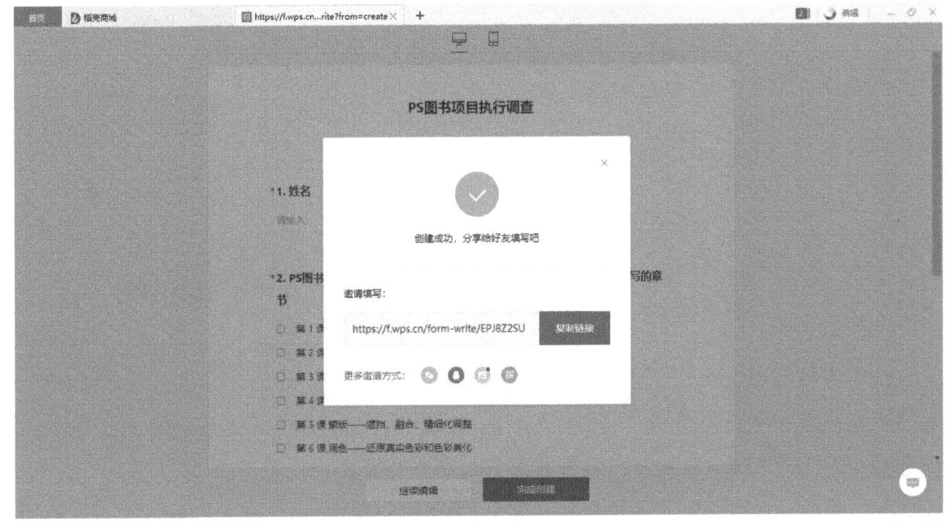

图 4-83

填写表单

以链接分享为例，好友在移动端收到并打开链接后，进行填写，填写完成后会弹出确认提示信息，确认后即可填写成功，如图 4-84 所示。

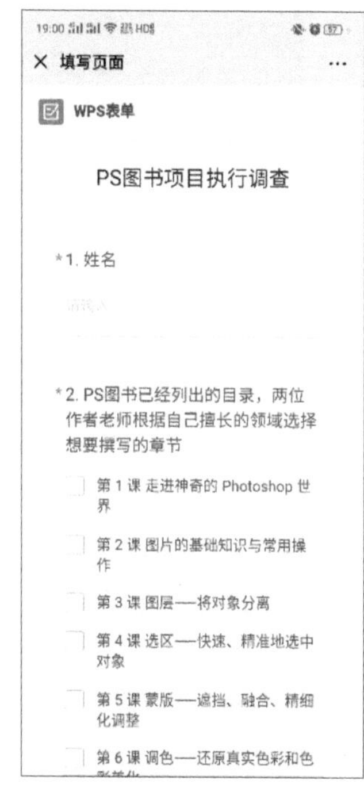

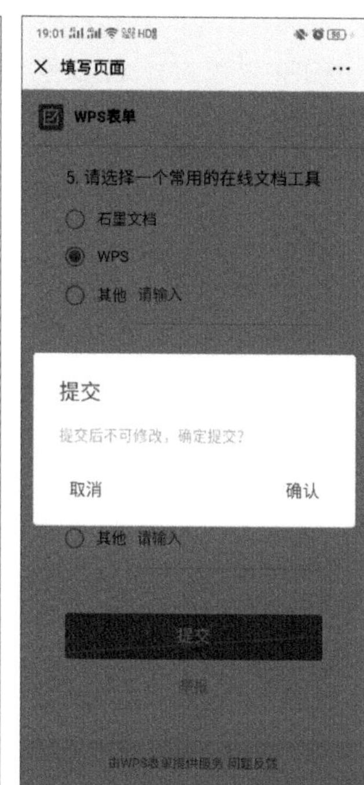

图 4-84

收集表单

在好友填写完表单后可以通过金山文档进入表单，查看表单填写情况，包括表单统计、表单填写详情、表单原始问题，还可以单击“去表格查看”按钮通过表格查看填写情况，如图 4-85 所示。

图 4-85

7 拍照扫描

WPS 移动端支持拍照扫描，这是移动端特有的功能，可以直接在首页单击 ，或单击“+”按钮，在弹出的窗口中选择“拍照扫描”。拍照扫描支持拍照转 PPT、扫描证件照到 A4 纸中进行打印、文字识别等功能，如图 4-86 所示。

图 4-86

3 云协作和云访问

WPS 客户端中文字、表格和演示文档可以通过特色功能选项卡中的在线协作功能直接上传到云端，转为在线文档，也就是在 WPS 客户端直接进入金山文档。以文字文档为例，如图 4-87 所示。

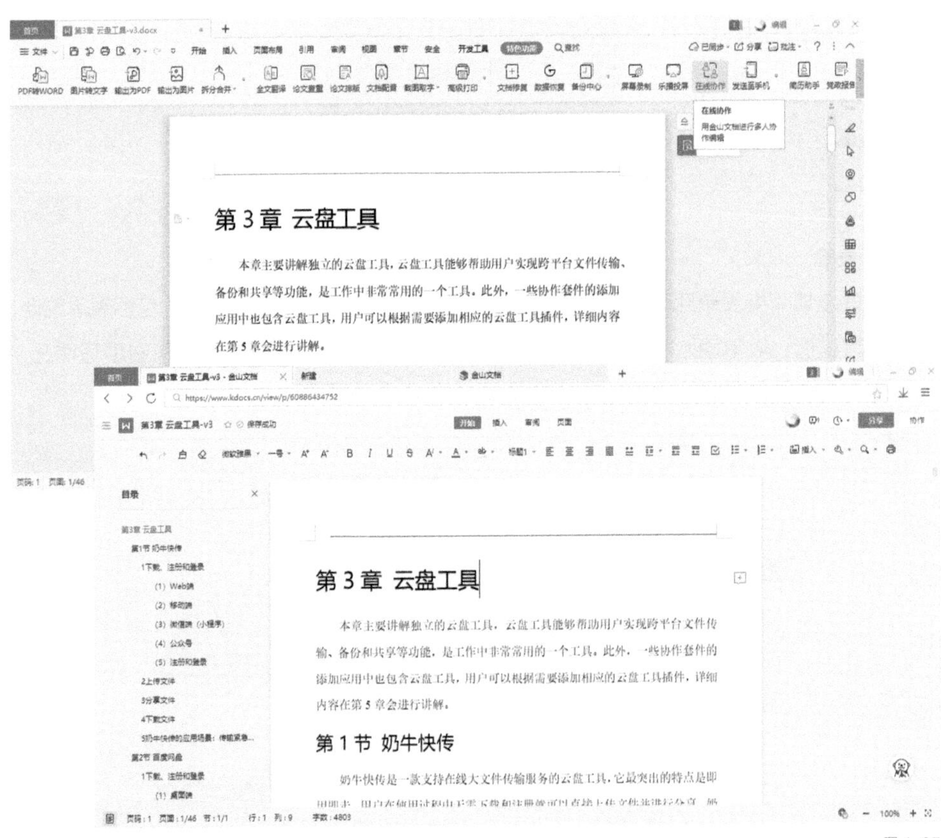

图 4-87

1 远程会议

在金山文档中使用远程会议功能可以实现多人在线同步观看演示文档。在演示过程中还可以切换文档和演示者，同时进行语音讨论。单击“远程会议”按钮，即可开启会议，如图 4-88 所示。

图 4-88

单击“邀请成员”按钮可以通过二维码、链接或接入码的形式邀请成员加入到会议中，以接入码为例，将接入码发送给会议成员。会议成员单击首页的“会议”按钮进入到如图 4-89 所示的界面中。

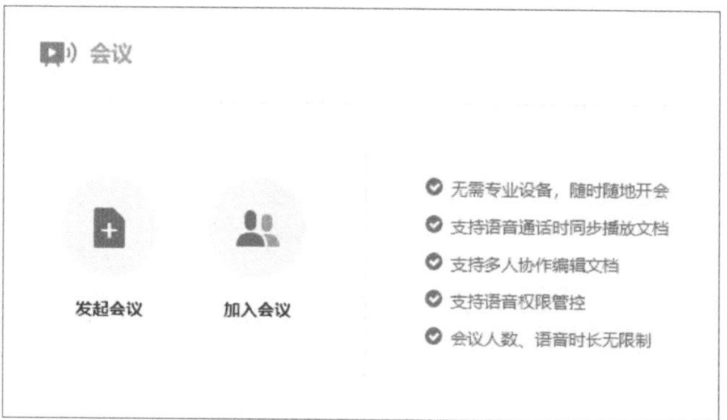

图 4-89

在会议界面中，单击“加入会议”按钮，输入接入码，即可加入到会议中，如图 4-90 所示。

在WPS移动端中也支持远程会议，以文字文档为例，打开某个文档后单击“分享”按钮，在列表中单击“远程会议”按钮即可开启会议模式，如图 4-91 所示。

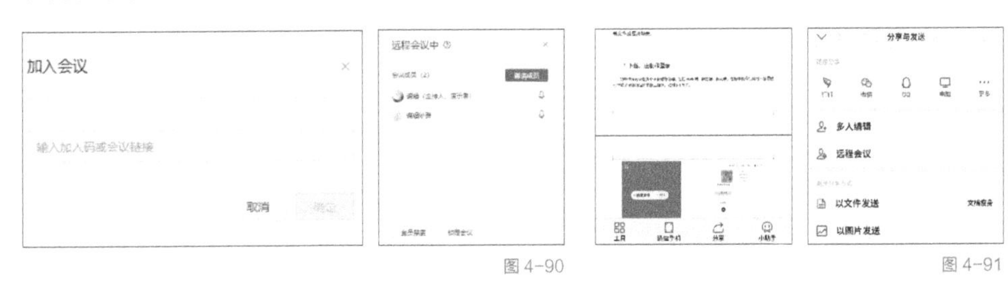

图 4-90

图 4-91

在 WPS 移动端的上方可以单击“播放其他文档”切换文档进行演示。单击右下角的可以开通话筒与其他会议成员进行语音讨论。单击右下角的可以查看会议成员，在查看会议成员的界面，单击右上角的可以选择通过微信、QQ、链接等方式邀请成员加入到会议中，如图 4-92 所示。

图 4-92

以通过微信邀请成员为例，成员打开链接后进入加入会议界面，单击“加入会议”按钮后即可跳转到 WPS 软件加入到会议中，如图 4-93 所示。

2 日历分享

WPS 支持日历分享功能，用户可以将日程提前分类记录到日历当中，然后将想要共享的日历分享给成员，避免在工作中还需要花费时间反复确认行程。在日历列表中选择要分享的日历，单击“分享”按钮，如图 4-94 所示。

图 4-93

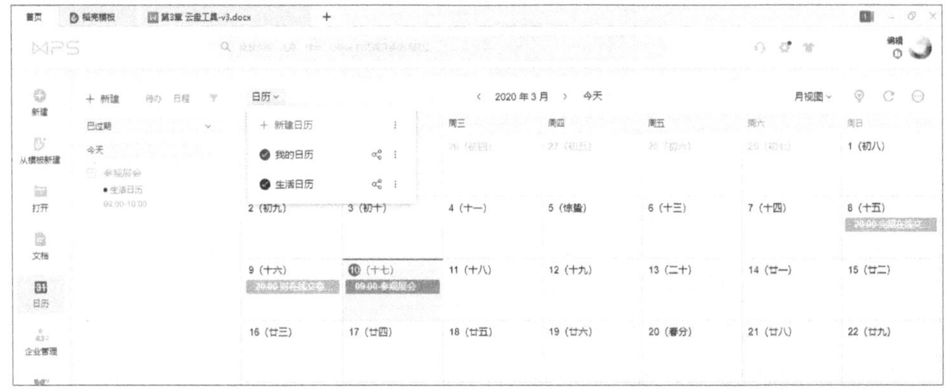

图 4-94

在分享日历界面可以设置日历权限，包括可编辑日程、可查看日程和仅查看忙闲。设置完成后可以选择复制链接分享或使用微信扫码，然后通过小程序分享给微信好友，以扫码通过微信小程序分享为例，扫码后在界面上选择分享成员的日历权限，如图 4-95 所示。

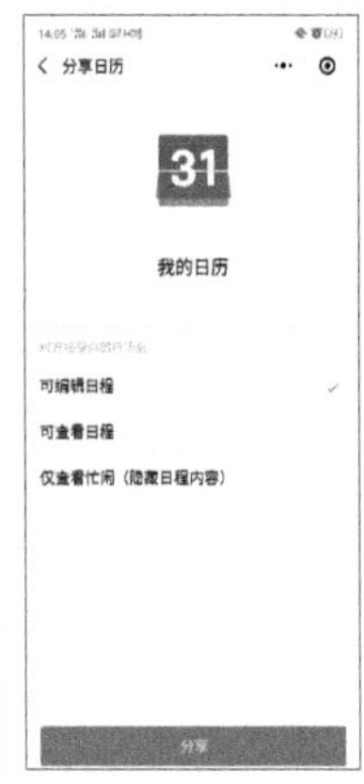

图 4-95

好友打开小程序链接后，在界面上可以看到分享的权限和选择是否接受该日历日程提醒，单击“加入日历”按钮，即可加入日历，如图 4-96 所示。

日历创建者还可以在日历管理中变更共享成员的权限，如图 4-97 所示。

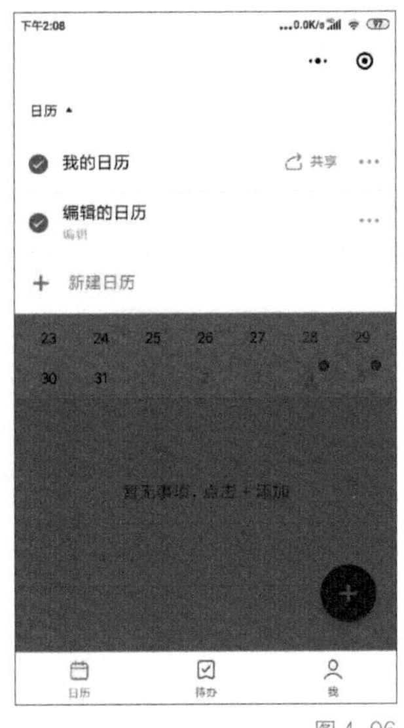

图 4-96

图 4-97

3 文档云同步

在 WPS 移动端我的界面，选择“WPS 云服务”，打开“文档云同步”，在 WPS 中打开的文件将自动同步到云端，如图 4-98 所示。

在金山文档小程序可以单击“导入聊天文件”按钮，将微信中的文件导入备份，防止文档在微信中过期被清除，如图 4-99 所示。

图 4-98

图 4-99

4 会员服务

在 WPS 客户端首页的应用中可以找到稻壳会员和 WPS 会员，开通会员后可以拥有更多的特权，帮助用户提高效率。

1 稻壳会员

开通稻壳会员后，可以在 WPS 中使用丰富的素材资源，包括各种字体、图片、图标、音频等原始素材，以及文档、表格和 PPT 的模板，如图 4-100 所示。

图 4-100

2 WPS 会员

开通 WPS 会员后在不同的平台拥有不同的功能特权，用户使用特权可以实现无限制 PDF 转 Word 等功能，如图 4-101 所示。

图 4-101

4.2.2 金山文档

金山文档是在线版的 WPS Office，支持全平台无缝衔接，用户在使用过程中不需要单独传输文件。

1 金山文档的基础功能

金山文档与 WPS Office 相比功能更加简单一些，通过 WPS 桌面端可以直接进入金山文档。

1 下载

金山文档是一款在线文档，在桌面端可以通过 WPS 进入，还可以通过网页直接进行注册和登录，官网界面如图 4-102 所示。

图 4-102

单击官网导航栏的“下载”按钮，可以通过扫码下载金山文档的客户端，还可以通过扫码进入金山文档的小程序，如图 4-103 所示。

图 4-103

金山文档的 Web 端界面如图 4-104 所示。

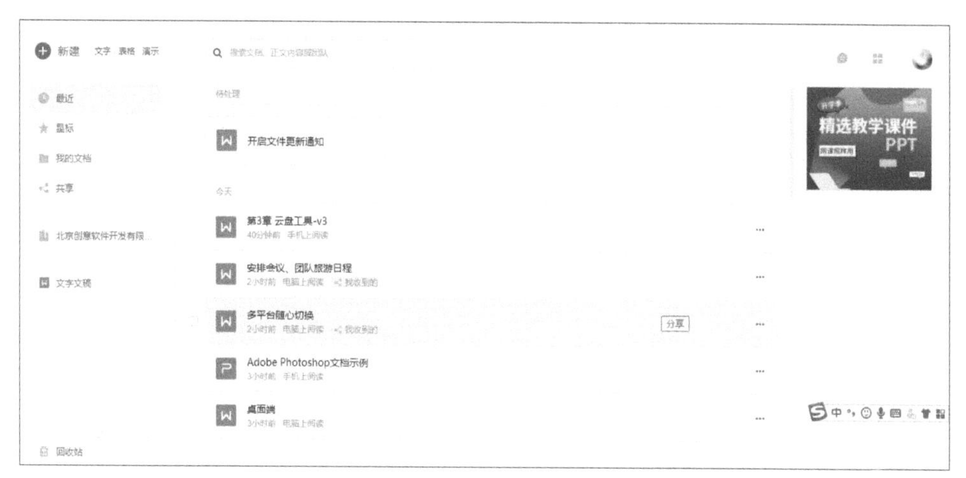

图 4-104

金山文档的手机端界面如图 4-105 所示。

金山文档的小程序端如图 4-106 所示。

2 注册和登录

金山文档可以在移动端和 Web 端进行注册。

3 新建和上传

在金山文档的 Web 端，可以通过单击“新建”按钮选择需要的文档类型创建新的文档，如图 4-107 所示。

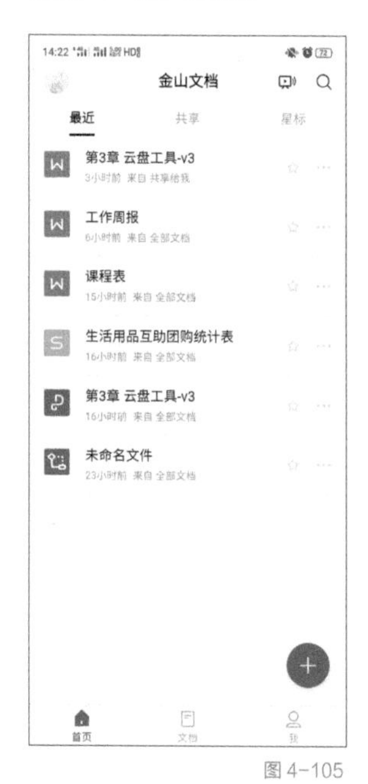

图 4-105

图 4-106

图 4-107

在我的文档界面中也可以单击“新建文件”按钮创建新的文档。在我的文档界面中可以查看到所有在 WPS 中创建并保存的文件，在界面右侧还可以选择将本地文件进行上传，如图 4-108 所示。

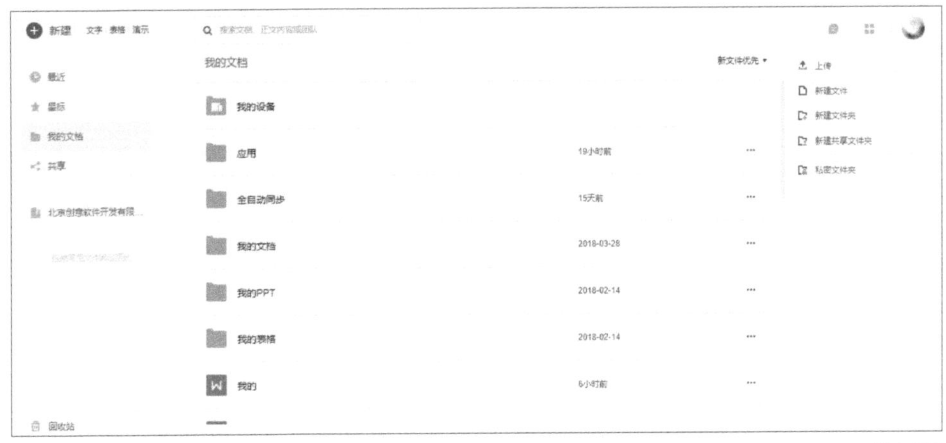

图 4-108

在金山文档的移动端可以单击“+”按钮，选择新建文档，或是选择文档进行上传，如图 4-109 所示。

4 新建共享文件夹

在金山文档 Web 端我的文档界面可以选择新建共享文件夹，邀请成员进行共享。单击“新建共享文件夹”按钮后可以选择邀请成员加入，单击“确定”按钮，如图 4-110 所示。

图 4-109

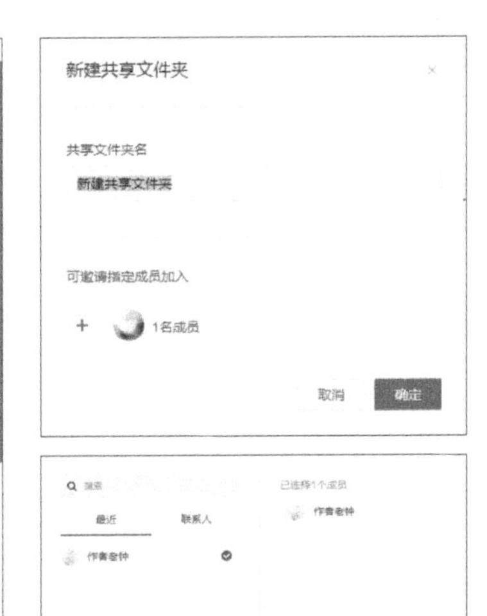

图 4-110

设置共享文件夹的名称，再次单击“确定”按钮，即可创建共享文件夹，如图 4-111 所示。

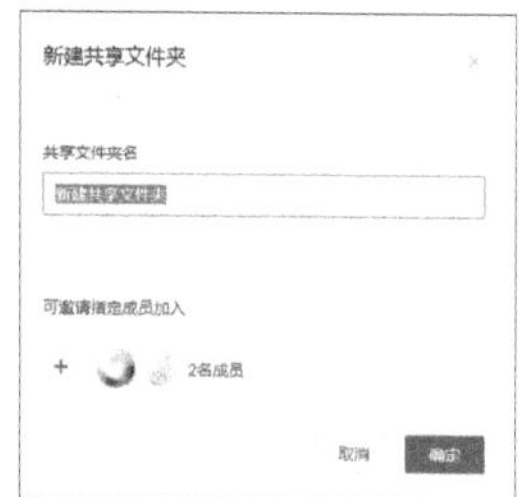

图 4-111

单击共享文件夹界面右侧的“邀请成员加入”按钮，可以为共享文件夹添加新成员并设置共享成员的权限，创建者还可以单击“设置”按钮修改邀请链接有效期、开启加入时需要管理员审核等对邀请成员进行更详细的设置，如图 4-112 所示。

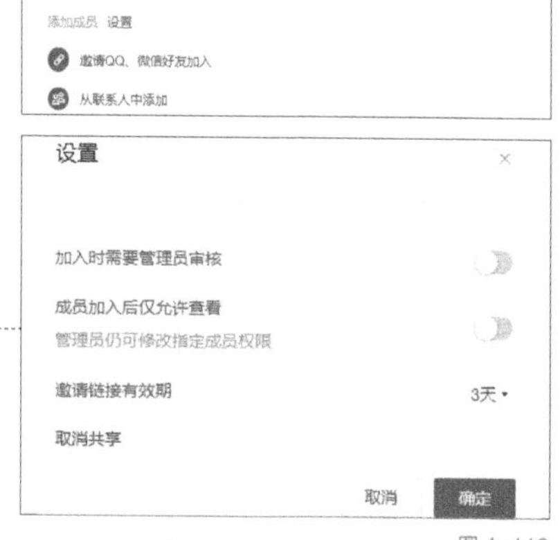

图 4-112

2 组建团队

在金山文档中可以创建企业，在企业中针对不同的项目组建团队。

1 创建企业

通过金山文档左侧的“开启团队协作办公”即可创建企业，创建完成后该项会变成团队的名称，如图 4-113 所示。

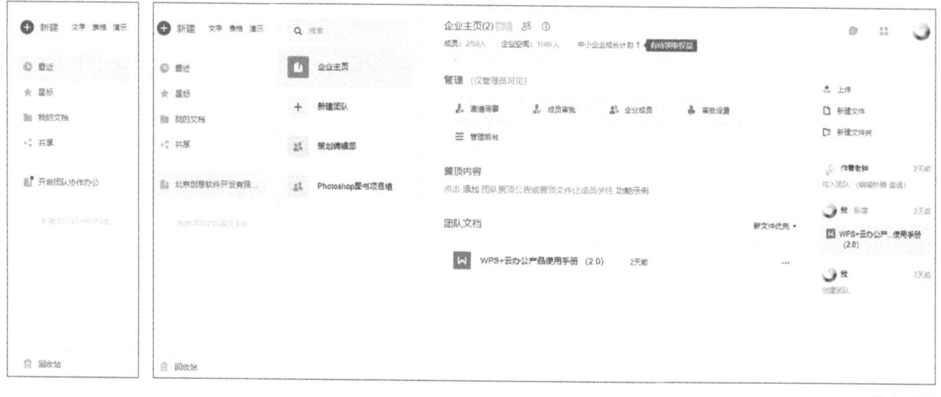

图 4-113

2 邀请同事

创建好企业后可以在企业主页通过“邀请同事”按钮，邀请同事加入到企业中，如图 4-114 所示。

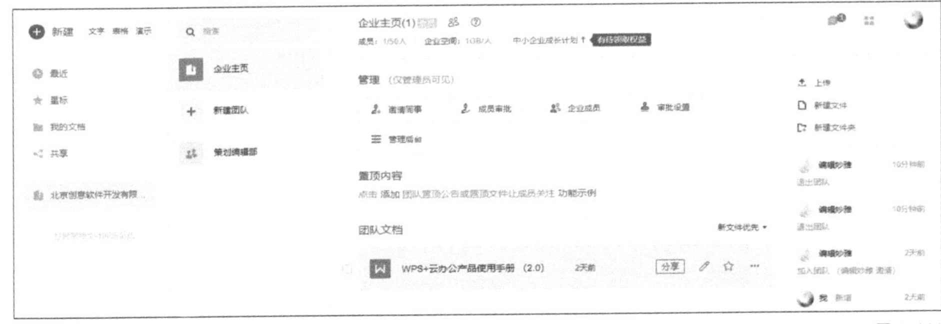

图 4-114

单击“邀请同事”按钮后，可以选择通过链接、扫码发送给同事和我的联系人三种方式邀请同事加入到企业中，如图 4-115 所示。

这里以邀请联系人为例，选中联系人后单击“确定”按钮后，联系人会收到邀请通知，单击“立即加入”按钮会提示填写姓名等信息，方便企业识别，提交后即可进入企业界面，如图 4-116 所示。

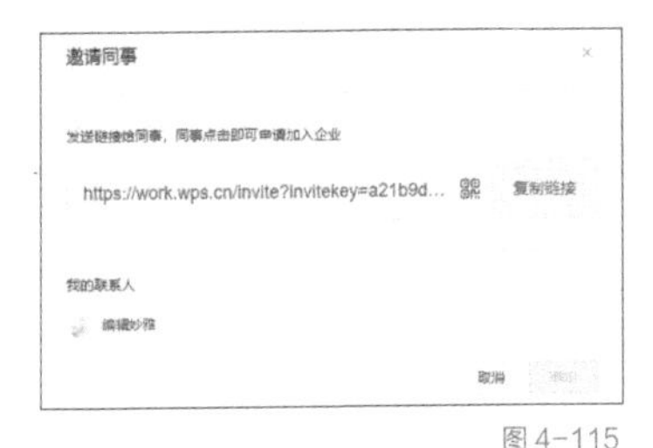

图 4-115

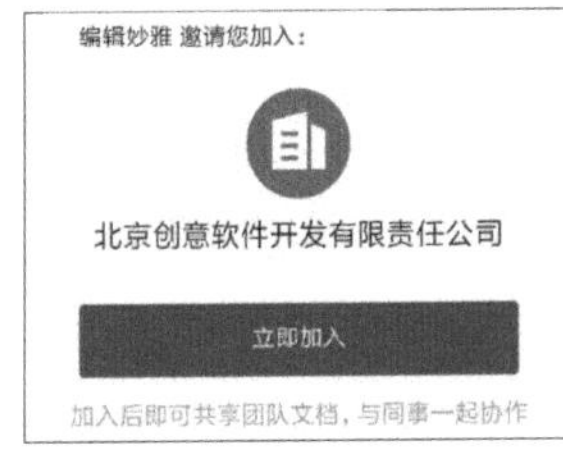

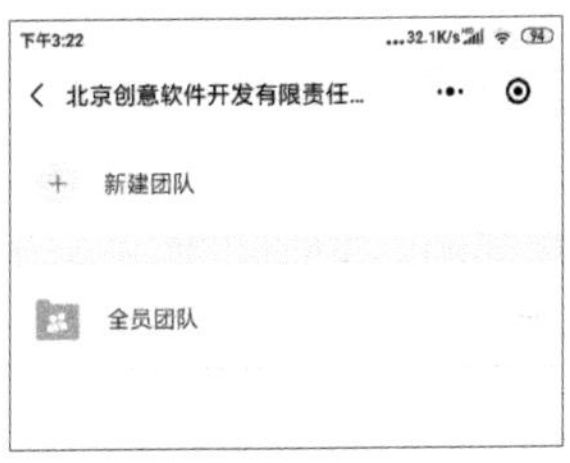

图 4-116

3 新建团队

在企业中可以针对部门或是项目创建团队，单击企业界面上的“创建团队”按钮即可设置团队名称、邀请团队成员以及导入共享文件夹，单击“确定”按钮即可创建团队。如果导入项目文件，团队名称默认为共享文件夹的文件名，可以在项目上单击鼠标右键对团队名称进行修改，如图 4-117 所示。

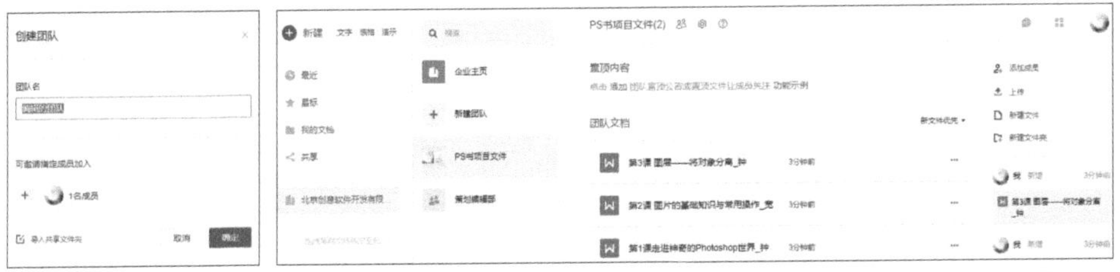

图 4-117

注意！

邀请的团队成员必须是本企业成员，否则会添加失败。

3 团队协同办公

在金山文档中创建好企业和团队后可以根据团队进行线上的协同办公。在企业办公过程中可以在文档中针对不同的团队成员设置不同的权限，基于文档开启远程会议等。

1 权限设置

团队中的文件可以根据情况针对团队成员设置使用权限，分为查看权限和编辑权限。以将第 3 课文档设置为仅拥有者可查看权限为例。单击文件后的“…”按钮，选择谁可以查看，如设置为仅自己可以查看，设置完成后文档名称后会出现一个小锁的图标，如图 4-118 所示。

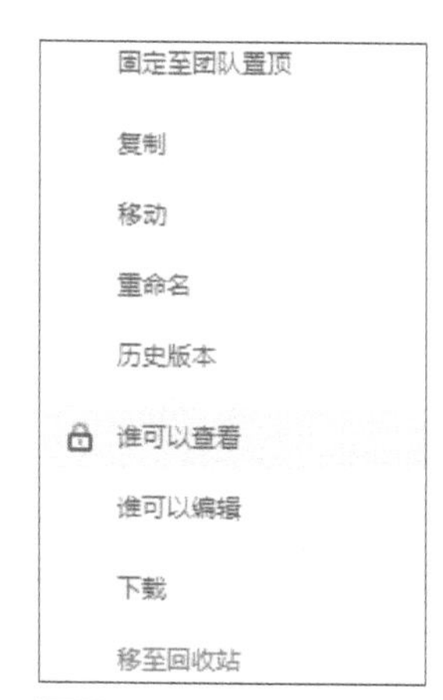

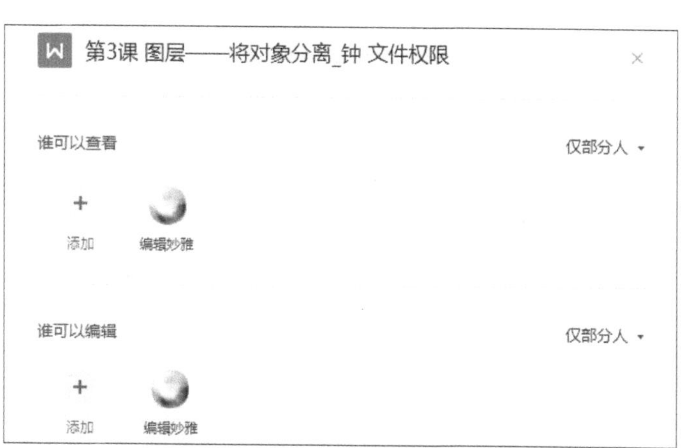

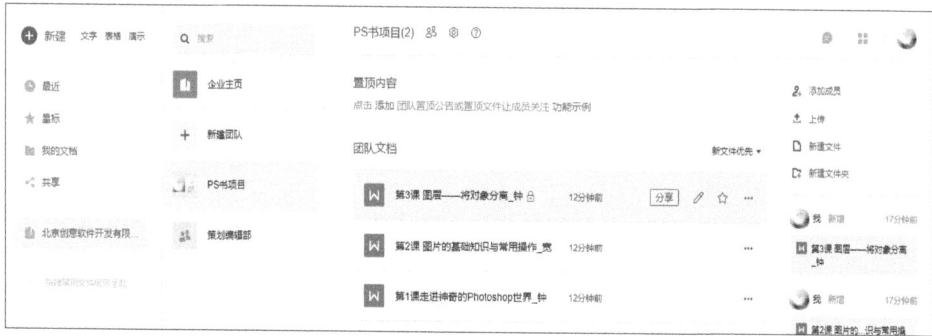

图 4-118

在协作成员的项目界面就看不到该文档，如图 4-119 所示。

图 4-119

2 远程会议

金山文档 Web 端开启远程会议的方法与在 WPS 客户端中通过金山文档开启远程会议的方法相同，这里主要讲解金山文档移动端开启远程会议的方法。

以 Word 文档为例，打开文档后可以通过右下角的“会议”按钮发起会议，开启会议后可以全员闭麦（关闭麦克风）避免回声，单击“邀请成员”按钮将链接发送给会议成员，如图 4-120 所示。

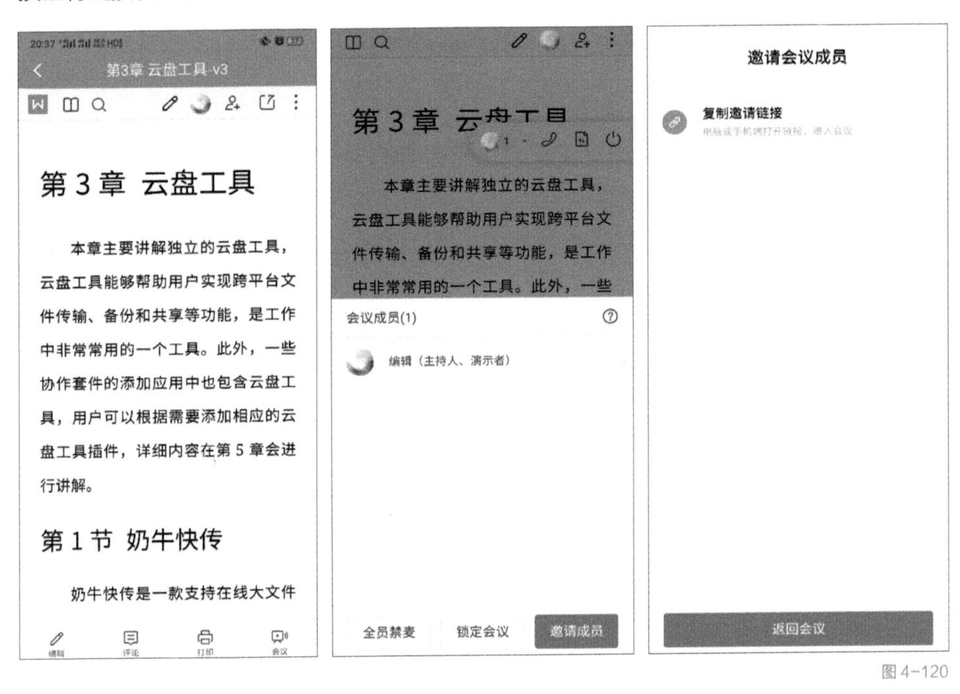

图 4-120

会议成员打开链接后可以跳转到 APP 并加入到会议中，如图 4-121 所示。

在会议过程中会议成员可以开麦（麦克风）进行语音沟通，主持人和演示者还可进行切换文档等操作，如图 4-122 所示。

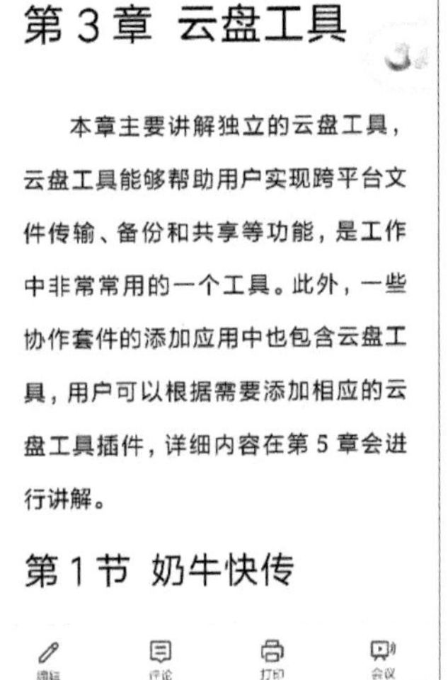

图 4-121

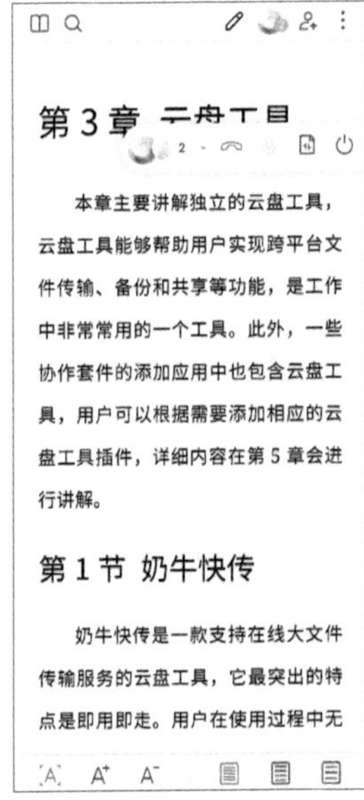

图 4-122

3 协作编辑

金山文档中的文字、表格和演示文档可以实现在线文档编辑，多人可同时编辑同一个文档，让文档版本管理不再复杂。

以文字文档为例，打开一个文档后，可以通过右上角的“分享”按钮，将文档分享设置为仅查看、可编辑或指定人，单击“创建并分享”按钮后，还可以设置链接有效期、禁止查看者下载、另存和打印，如图 4-123 所示。

单击公开分享弹窗中的“协作”按钮或者单击文档界面右上角的“协作”按钮可以在弹出的窗口中选择通过通讯录、微信等方式邀请成员共同编辑文档，如图 4-124 所示。

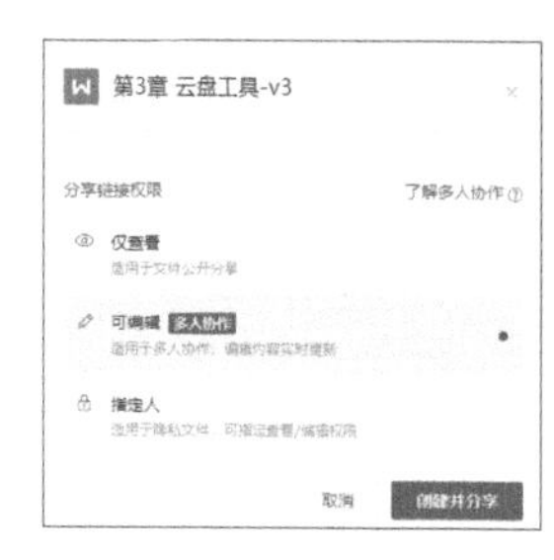

图 4-123

图 4-124

以通讯录邀请为例，选择成员进行邀请，成员收到通知后可以直接进入文档进行编辑，成员会出现在协作窗口中，可以对成员设置相应的协作权限，如图 4-125 所示。

4 历史记录

如果文档在协作过程中的修改出现了错误，可以通过右上角的 查看文档的协作记录和历史版本，协作记录可以查看协作成员修改文档的记录，通过历史版本可以对文档修改的历史版本进行预览和恢复，如图 4-126 所示。

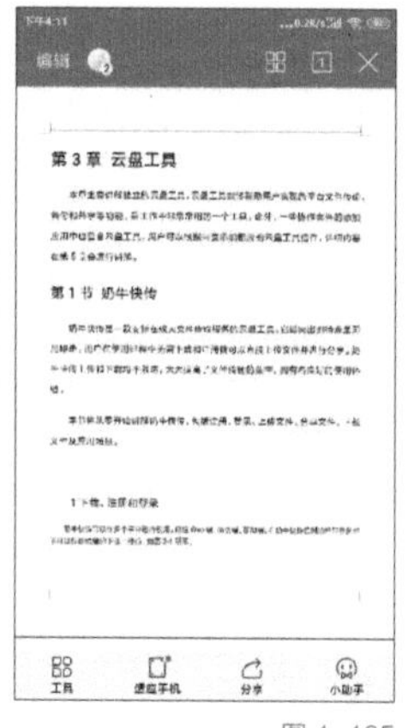

图 4-125

图 4-126

4.2.3 企业管理后台

在金山文档中创建企业后可以单击界面上的头像，单击“管理后台”按钮对企业进行管理，如图 4-127 所示。

1 了解企业概况

进入企业后台后，可以在企业概况界面设置企业信息、升级企业套餐、查看企业数据等，了解企业软件使用的基本情况，如图 4-128 所示。

图 4-127

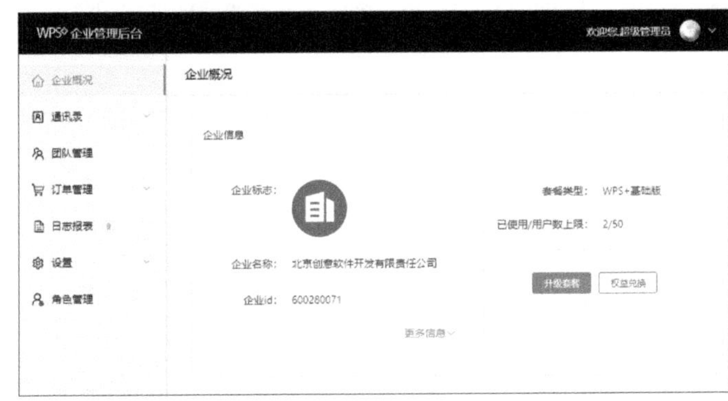

图 4-128

2 人员管理和团队管理

在企业管理后台通讯录下的组织结构可以批量地添加团队成员、公司成员以及调整成员部门等，如图 4-129 所示。

图 4-129

在企业管理后台界面，单击通讯录下的“成员审批”可以查看正在审批的成员和已完成审批的成员，如图 4-130 所示。

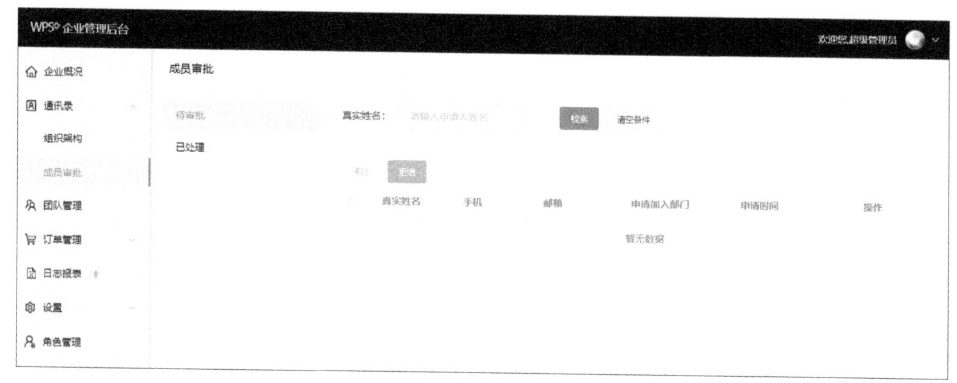

图 4-130

3 管理员设置

在企业后台的角色管理界面可以将公司的超级管理员权限进行转让，还可以添加普通管理员来协助管理企业，如图 4-131 所示。

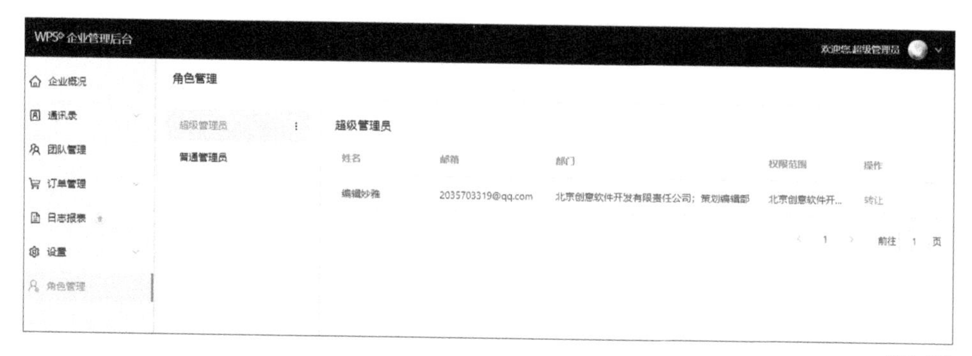

图 4-131

4.2.4 WPS+ 云办公的应用场景

WPS 的功能使用起来并不复杂，它能适用各种办公场景。以《Adobe Photoshop 基础培训教材》图书产品的执行过程为例，讲解 WPS 和金山文档的表单、日历、会议和共享文件夹功能的使用场景。本书由编辑妙雅负责整体的执行进度，邓老师、谷老师和邢老师负责书稿的编写。

1 PS 图书项目执行调查

《Adobe Photoshop 基础培训教材》图书的目录共有十几章的内容，且需要准备书稿、讲义等多种内容，编辑需要根据作者擅长的方向和喜欢的工作方式安排图书整体的执行计划，所以编辑妙雅使用 WPS 的表单制作了一个 PS 图书项目执行调查表对作者进行调研，如图 4-132 所示。

根据调研结果，编辑妙雅再与作者邓老师、谷老师和邢老师沟通详细的工作计划。

扫描图 4-133 所示的二维码即可观看本案例的视频演示。

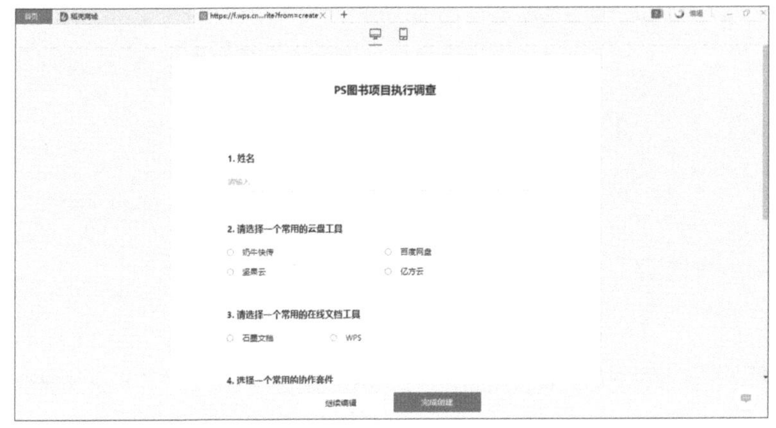

图 4-132

图 4-133

2 日程无需反复确认

作者邓老师、谷老师和邢老师根据与编辑妙雅沟通的工作计划将其记录在 WPS 的日历中并分享给编辑妙雅，这样编辑妙雅在沟通的时候就不需要与三位作者反复确认日程，如图 4-134 所示。

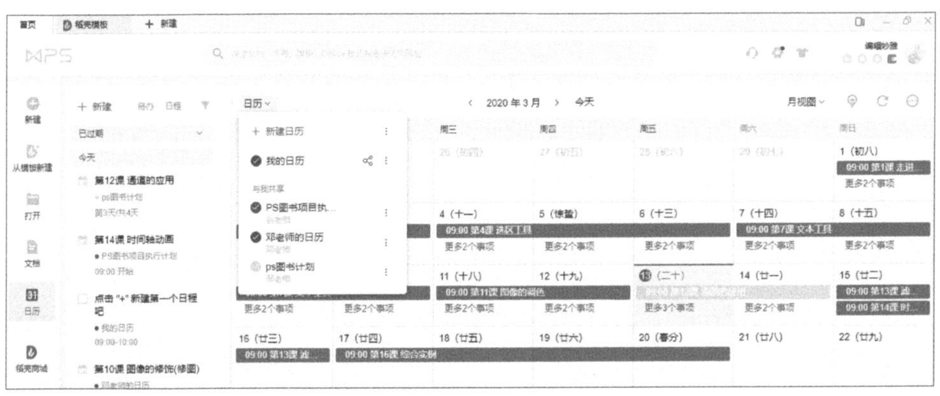

图 4-134

编辑收到作者们制定的计划后整体把握图书项目执行进度，督促作者及时按照计划完成任务。预估编辑加工计划，并基于编辑加工的结果制定与作者反馈修改意见的时间，邓老师先在手机上收到了编辑妙雅发来的日历分享，如图 4-135 所示。

图 4-135

图 4-136

扫描图 4-136 所示的二维码即可观看本案例的视频演示。

3 协助完善文档内容

三位作者按照计划完成稿件并将稿件上传到金山文档，在金山文档中邀请编辑进行协作。编辑妙雅在线上完成稿件的加工整理，发现稿件前面的问题比较多，需要基于文档与作者们进行线上沟通，如图 4-137 所示。

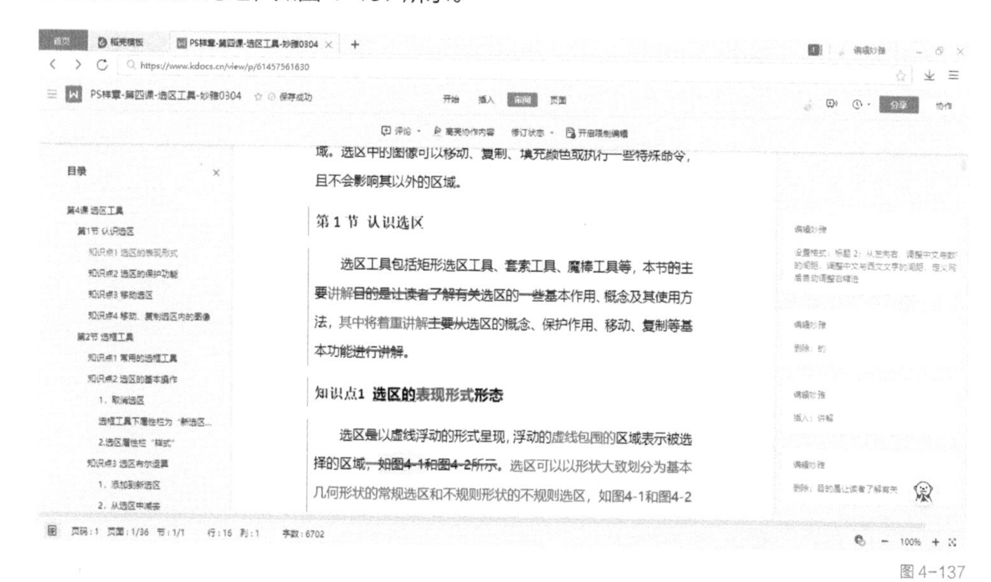

图 4-137

编辑妙雅通过日历与作者邓老师、谷老师和邢老师约定线上沟通的时间。在约定的时间，编辑在金山文档开启线上会议，与作者邓老师、谷老师和邢老师语言沟通写作过程中存在的问题并进行了批注。作者对编辑提出的疑问进行了解释，如图 4-138 所示。

扫描图 4-139 所示的二维码即可观看本案例的视频演示。

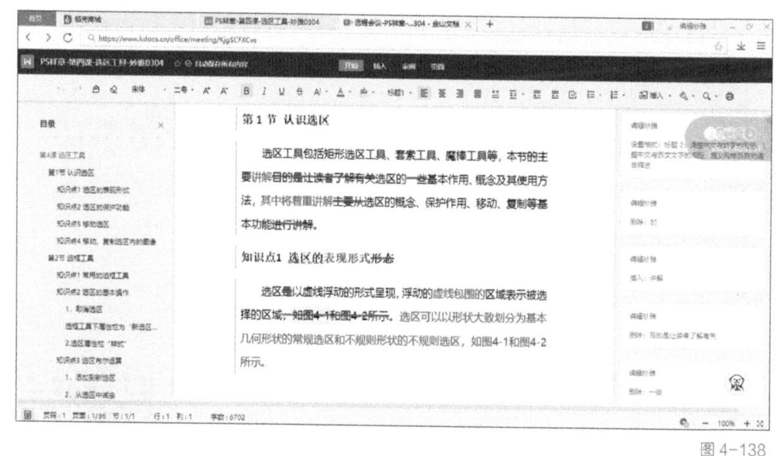

图 4-138

图 4-139

4 共享文档实时更新

编辑觉得在撰写书稿的过程中，三位作者可以看看对方的书稿，互相学习，有助于提高稿件质量，于是编辑妙雅在金山文档中创建共享文件夹，将收集到的所有稿件上传到文件夹中，如图 4-140 所示。

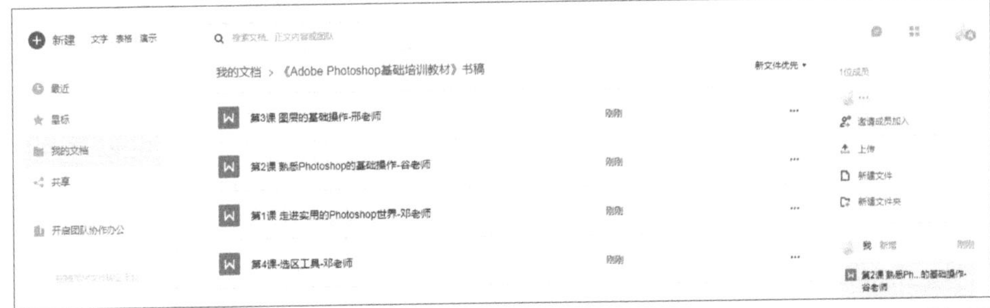

图 4-140

编辑妙雅邀请作者邓老师、谷老师和邢老师加入到文件夹中，如图 4-141 所示。

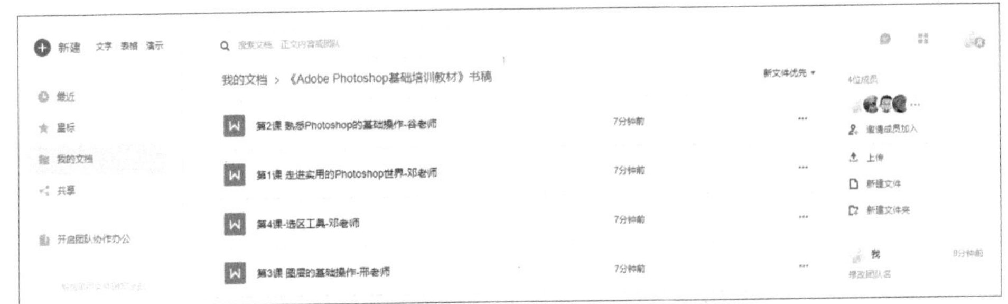

图 4-141

编辑妙雅在文件夹中分别将作者邓老师、谷老师和邢老师除了自己的书稿外的书稿设置权限为仅查看，这样三位作者可以互相参考学习的同时也不用担心不小心修改错稿件，如图 4-142 所示。

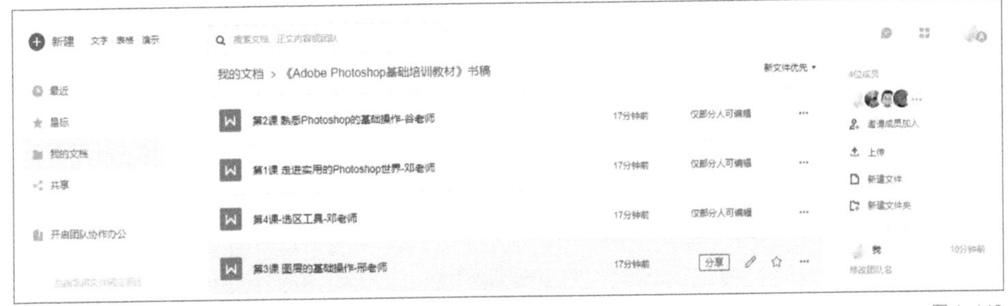

图 4-142

扫描图 4-143 所示的二维码即可观看本案例的视频演示。

图 4-143

第 5 章

在线会议软件——高效而低成本的沟通

本章将讲解在线会议软件。在线会议软件能够实现足不出户，在家就能进行线上会议讨论，帮助用户免除因开会所产生的交通、时间等成本，是公司异地进行“面对面”会议协商的一种非常重要的软件。

5.1 腾讯会议

腾讯会议是腾讯公司研发的一款能够进行远程沟通的线上会议软件，支持手机、平板和PC多设备端。本节将从零开始讲解腾讯会议，包括软件的下载、注册、发起会议及应用场景。

5.1.1 下载、注册和登录

腾讯会议可以在多个平台进行使用，包括桌面端和移动端。腾讯会议可以在官网首页下方根据需求进行下载，如图 5-1 所示。

图 5-1

1 桌面端

腾讯会议 PC 和 Mac 的桌面端需要在官网进行下载，安装完成后的界面，如图 5-2 所示。

2 移动端

在 iOS 和 Android 对应的应用商店可以下载腾讯会议的移

图 5-2

图 5-3

动端 App，移动端的界面如图 5-3 所示。

3 注册和登录

用户可以在腾讯会议的客户端进行注册。

5.1.2 发起会议

在腾讯会议桌面端可以通过单击界面正中间的“快速会议”按钮发起会议，界面会自动跳转到会议界面，如图 5-4 所示。

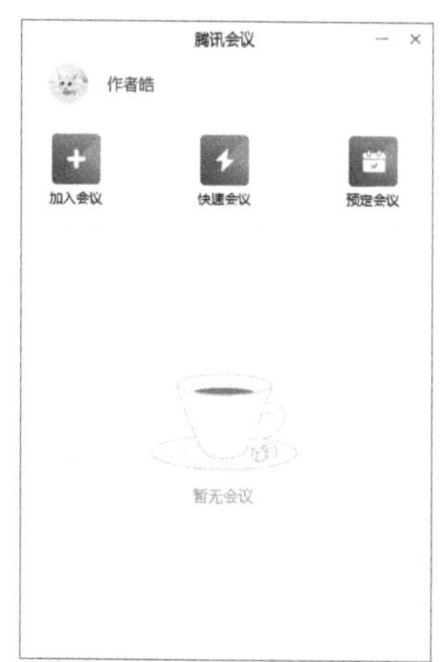

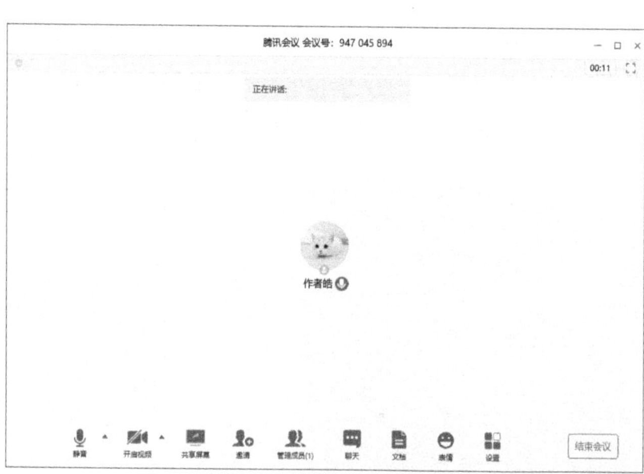

图 5-4

在腾讯会议移动端可以通过单击腾讯会议移动端正中间的“快速会议”按钮发起会议，界面会自动跳转到会议界面，如图 5-5 所示。

图 5-5

5.1.3 加入会议

使用腾讯会议发起会议后就可以邀请成员加入到会议中。在腾讯会议桌面端可以通过“邀请”一键复制会议号和会议链接等，通过微信、QQ 等发送给会议成员。会议成员可以通过单击接收到的会议链接或者在腾讯会议的界面中，单击左上角的“加入会议”按钮，在加入会议界面输入接收到的会议号，单击“加入会议”按钮即可加入会议，如图 5-6 所示。

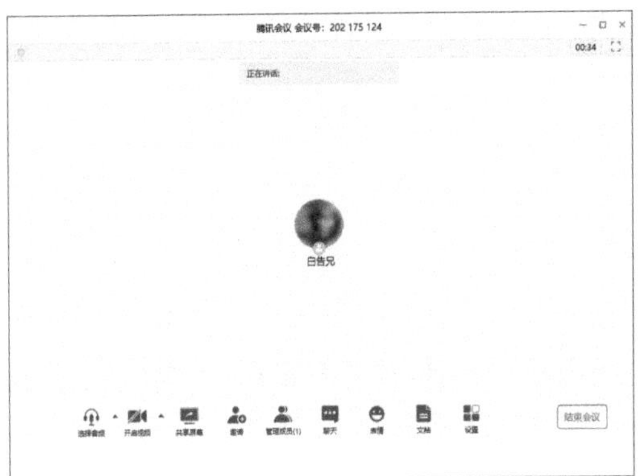

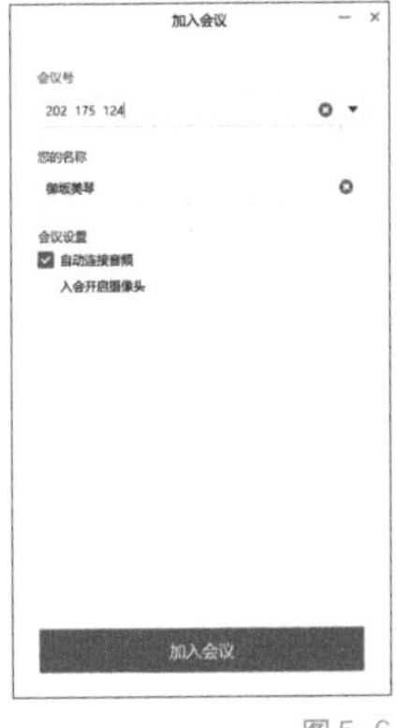

图 5-6

在腾讯会议移动端加入会议的方法与桌面端类似，也是通过会议号或会议链接邀请会议成员加入会议，如图 5-7 所示。

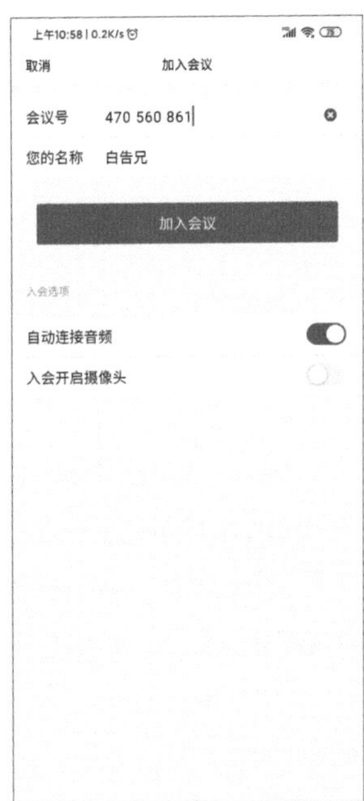

图 5-7

5.2 Zoom

Zoom 是一款高清远程会议软件，具有轻松起会、便捷入会的特点，让用户在沟通协作中更加自如。本节将从零开始讲解 Zoom，包括软件的下载、注册、发起会议及应用场景。

5.2.1 下载、注册和登录

Zoom 可以在多个平台使用，包括桌面端和移动端。在 Zoom 官网首页中，可以根据需要进行下载，如图 5-8 所示。

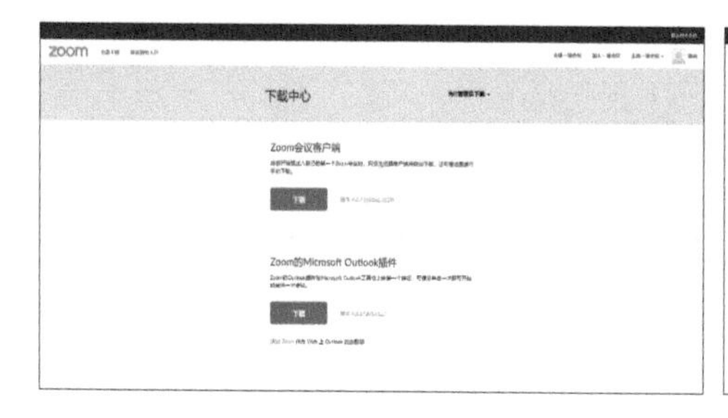

图 5-8

1 桌面端

Zoom PC 和 Mac 的桌面端需要在官网进行下载，安装完成后的界面，如图 5-9 所示。

2 移动端

在 iOS 和 Android 对应的应用商店可以下 Zoom 的移动端 App，移动端的界面如图 5-10 所示。

图 5-9

图 5-10

3 注册和登录

用户可以在 Zoom 的官网或客户端进行注册。

5.2.2 发起会议

在 Zoom 桌面端可以单击首页的“新会议”按钮发起会议，界面会自动跳转到会议界面，如图 5-11 所示。

图 5-11

在 Zoom 移动端发起会议的方法与桌面端一样，界面如图 5-12 所示。

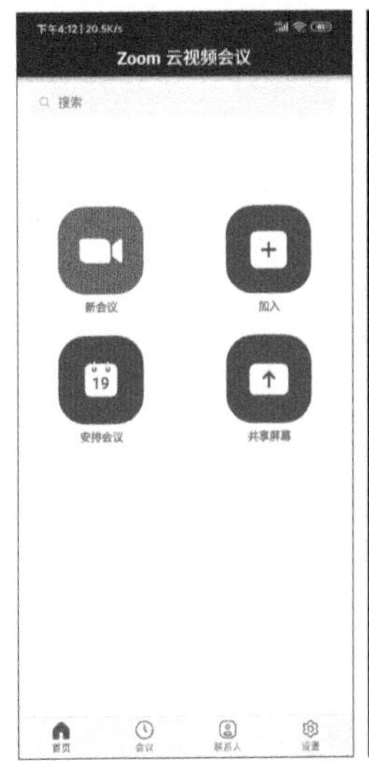

图 5-12

5.2.3 加入会议

在 Zoom 客户端发起会议后，可以单击界面下方的“邀请”按钮，在弹出的“邀请他人加入会议”对话框中复制邀请链接，并将其发送给会议成员。会议成员只需单击首页的“加入”按钮，在弹出的“加入会议”对话框中，将接收到的邀请链接粘贴进去，单击“加入会议”按钮即可加入会议，如图 5-13 所示。

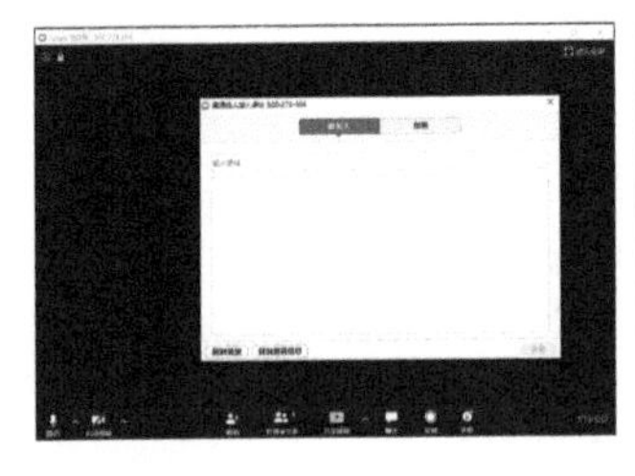

图 5-13

在 Zoom 移动端加入会议的方法与客户端类似，可以单击会议面板的“参与者”按钮，进入 “参与者”界面。单击“邀请”按钮，在弹出“邀请”框中复制邀请链接或选择软件提供的分享方式将邀请链接发送给会议成员，会议成员单击邀请信息后，界面会自动跳转到启动会议 -Zoom 界面，会议成员只需根据界面的提示进行操作即可进入会议，如图 5-14 所示。

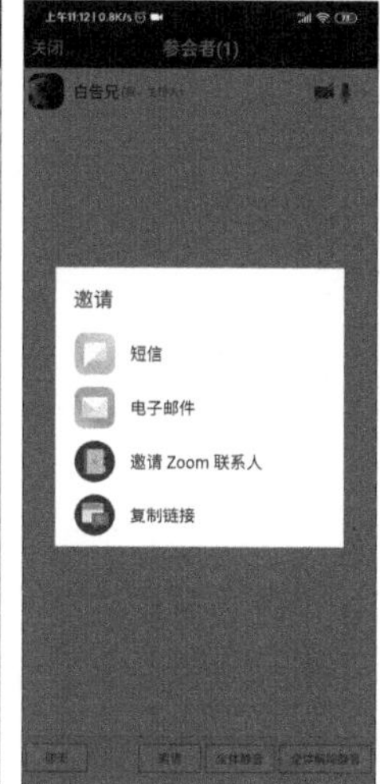

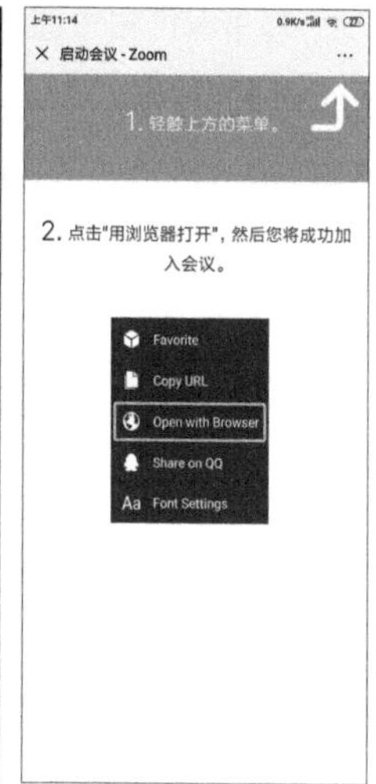

图 5-14

5.3 腾讯会议的应用场景：商业计划讨论

本节将以商业计划讨论的过程为例讲解腾讯会议远程会议功能的应用场景。由于工作原因编辑 Mircale 参加了一场 Photoshop 技术交流大会，这次大会让编辑 Mircale 深受启发，决定使用腾讯会议举办一次线上会议，召集作者老钟和作者皓讨论创作一本 Photoshop 书的计划。于是编辑 Mircale 创建了一个远程会议，并将会议号发送给作者老钟和作者皓，如图 5-15 所示。

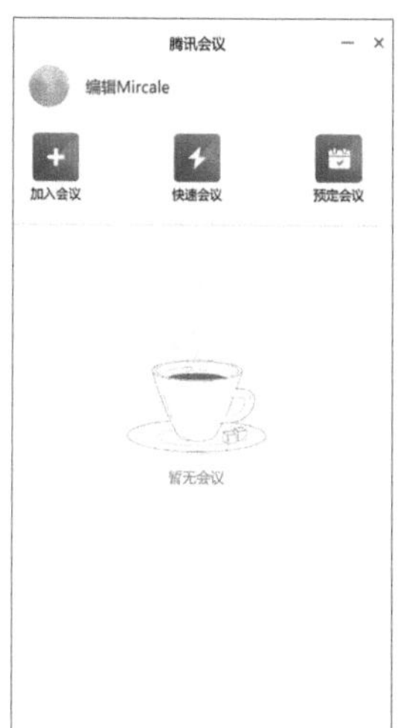

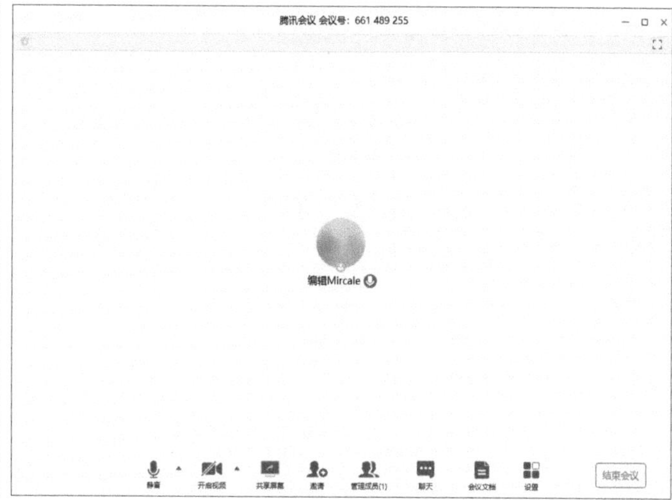

图 5-15

作者老钟和作者皓在加入会议界面输入了编辑 Mircale 发送的会议号，成功进入了会议，如图 5-16 所示。

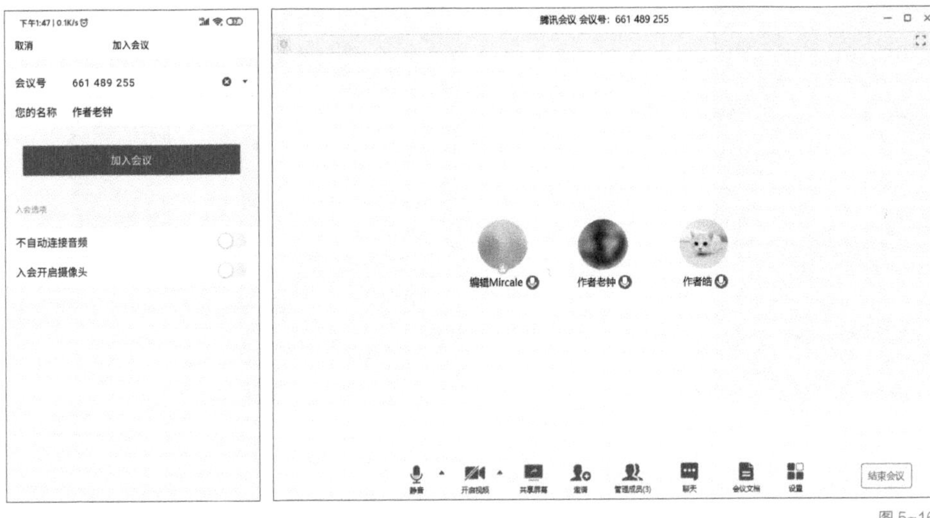

图 5-16

扫描图 5-17 所示的二维码即可观看本案例的视频演示。

图 5-17

第 6 章

远程控制软件——随时随地解决技术问题

如果电脑出现了问题，而此时又不方便技术人员上门帮助解决，这时就可以让技术人员使用远程控制软件。远程操控电脑，帮助解决电脑问题。

6.1 QQ 的远程控制功能

QQ 是目前用户使用数量最多的社交软件之一，使用 QQ 的远程控制功能可以很方便的对好友的电脑进行远程操控。本节将从零开始讲解 QQ 的远程控制功能，包括下载、注册、登录、远程控制及应用场景。

6.1.1 下载、注册和登录

QQ 的远程控制功能是通信软件 QQ 的一部分，只能在桌面端进行使用。在 QQ 官网单击导航栏的“下载”按钮，即可进入下载界面，在下载界面的下方用户可以根据需求选择对应的链接进行下载，如图 6-1 所示。

1 桌面端

QQ 的桌面端需要在官网进行下载，安装完成后的界面如图 6-2 所示。

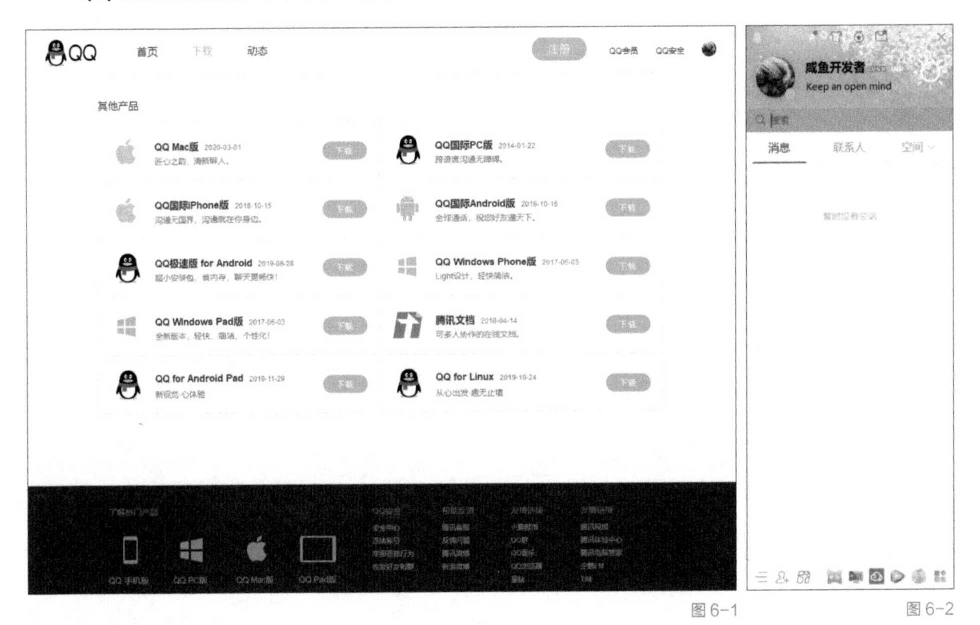

图 6-1　　图 6-2

2 注册和登录

用户可以在 QQ 的官网或下载的 QQ 客户端中进行注册。

6.1.2 远程控制

在 QQ 桌面端的联系人列表中，打开好友的聊天界面，单击界面右上角的“…”按钮，在弹出的菜单栏中，单击“远程控制”按钮，在弹出的下拉菜单中包括三个选项：请求控制对方电脑、邀请对方远程协助和设置，如图 6-3 所示。

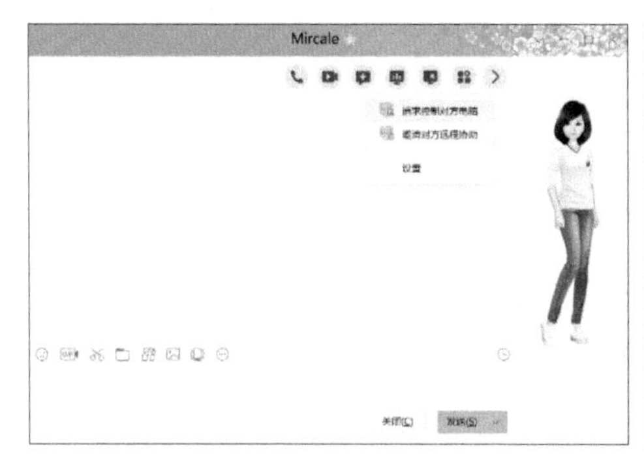

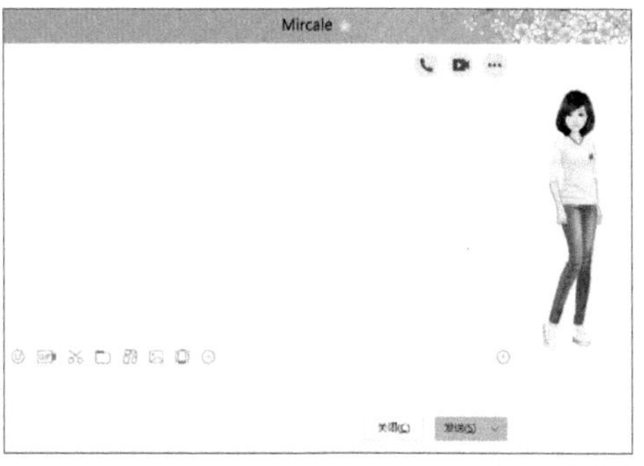

图 6-3

如果是对方需要协助，可以选择“请求控制对方电脑”，好友的聊天界面中会收到远程控制的请求，好友单击“接受”按钮后，即可开始远程控制好友的电脑，如图 6-4 所示。

如果是需要对方协助，可以选择“邀请对方远程协助”，对方在收到远程协的请求并接受后，即可将电脑的控制权交给对方，如图 6-5 所示。

图 6-4

图 6-5

6.2 TeamViewer

TeamViewer 是一款用于远程控制的软件，只需要在两台电脑上同时运行 TeamViewer 并在界面中输入伙伴的 ID，接口即可立即建立远程控制。本节将从零开始讲解 TeamViewer 的远程控制功能，包括下载、注册、登录、远程控制及应用场景。

6.2.1 下载、注册和登录

TeamViewer的远程控制功能只能在桌面端进行使用。在TeamViewer官网导航栏中，单击“下载”按钮，进入下载界面，用户可以根据需求选择对应的链接进行下载，如图6-6所示。

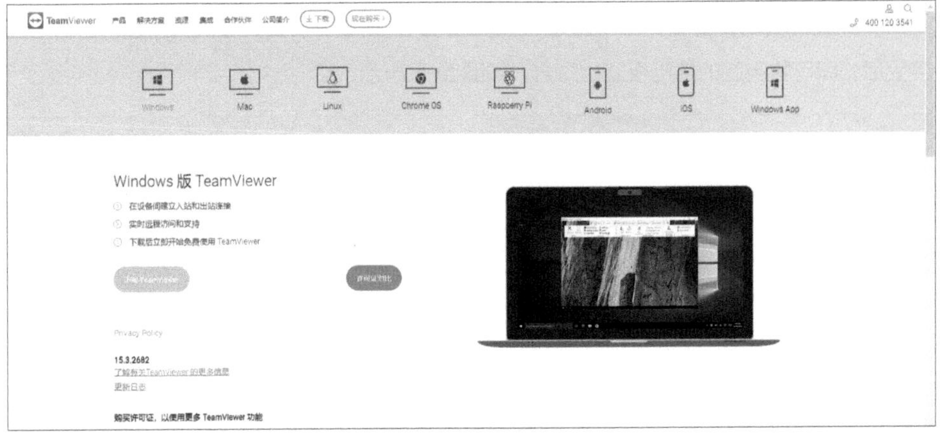

图 6-6

1 桌面端

TeamViewer 的桌面端需要在官网进行下载，安装完成后界面如图 6-7 所示。

图 6-7

2 注册和登录

用户可以在 TeamViewer 的官网或下载的客户端进行注册。

6.2.2 远程控制

在 TeamViewer 桌面端可以通过伙伴 ID 和密码进行远程控制，具体方法是将界面上的伙伴 ID 和密码发送给好友，好友收到后，在自己的桌面端输入伙伴 ID 并单击“连接”按钮，在弹出 TeamViewer 面板中，输入密码即可进行远程控制，如图 6-8 所示。

图 6-8

6.3 向日葵

向日葵是一款远程控制软件，用户可以通过伙伴的识别码和验证码快速进行远程控制。本节将从零开始讲解向日葵的下载、注册、登录、远程控制及应用场景。

6.3.1 下载、注册和登录

向日葵在桌面端和移动端均可使用。在向日葵官网首页中，用户可以根据需求选择相应的链接进行下载，如图 6-9 所示。

图 6-9

1 桌面端

向日葵 PC 和 Mac 的桌面端都需要在官网进行下载，安装完成后的界面，如图 6-10 所示。

2 注册和登录

用户可以在向日葵的官网或下载的客户端进行注册。

图 6-10

6.3.2 远程控制

在向日葵的客户端可以通过本机识别码和本机验证码进行远程控制，具体操作是将向日葵客户端的本机识别码和本机验证码发送给好友，好友只需在自己的向日葵客户端界面分别输入接收到的本机识别码和本机验证码，并单击“远程协助”按钮即可进行远程控制，如图 6-11 所示。

图 6-11

6.4 向日葵的应用场景：安装电脑软件

本节将以安装电脑软件为例讲解向日葵远程控制功能的应用场景。小张是华美公司的技术员，日常的工作是负责帮助华美成员解决各种电脑问题。有一天作者老钟收到了华美 boxer 分配的 Photoshop 写作任务，于是决定使用 WPS 进行写作，但是作者老钟对软件安装的方法不熟悉，几经周折都没有将 WPS 安装上，于是作者老钟向技术员小张发出了求助，技术员小张在收到作者老钟的请求后，决定使用向日葵远程控制作者老钟的电脑安装 WPS。作者老钟将自己向日葵的 ID 和密码发送给了技术员小张，如图 6-12 所示。

技术员小张在向日葵输入了作者老钟发来的本机识别码和本机验证码后，成功获得了电脑的远程控制权，如图 6-13 所示。

图 6-12

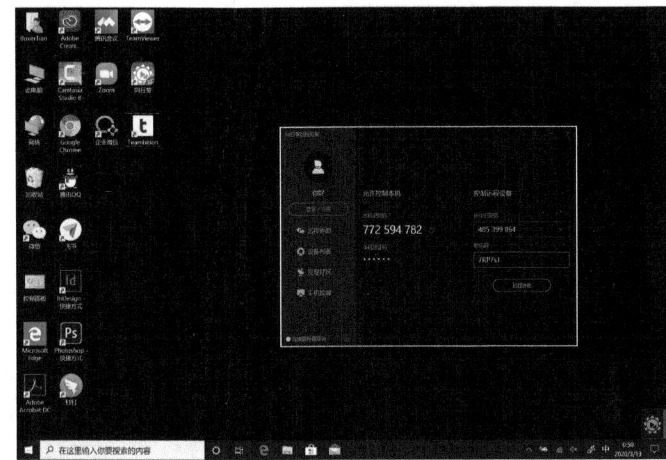

图 6-13

经过技术员小张的一番操作后，成功帮助作者老钟安装上了 WPS，如图 6-14 所示。

扫描图 6-15 所示的二维码即可观看本案例的视频演示。

图 6-14

图 6-15

第7章

项目管理软件——ODC三板斧，人人都是项目经理

随着公司不断的扩大和发展，项目的类型和数量会越来越多，项目应用的领域也越来越广泛，对项目的管理，也会变得更加困难，因此需要使用专业的项目管理工具。项目管理工具最基本的原理是责任人（Ownership）、交付时限（Deadline）、交付检查清单（Checklist），明确这三点可以解决任何项目管理问题。

7.1 Trello

Trello 是一款免费的全平台项目和任务管理工具。Trello 由于使用简单，并且可以灵活地管理项目和任务，已经得到了全球数百万用户的信赖。本节将从零开始讲解 Trello，包括注册、登录、创建看板、创建列表、邀请成员、创建任务、设置任务负责人、设置任务截止时间及应用场景。

7.1.1 下载、注册和登录

Trello 可以实现多端同步，包括桌面端、Web 端和移动端，可以通过 Trello 官网首页底部的“应用”进入下载界面，再根据需求进行下载，如图 7-1 所示。

图 7-1

1 桌面端

Trello 的桌面端可以在官网进行下载，安装完成后的界面如图 7-2 所示。

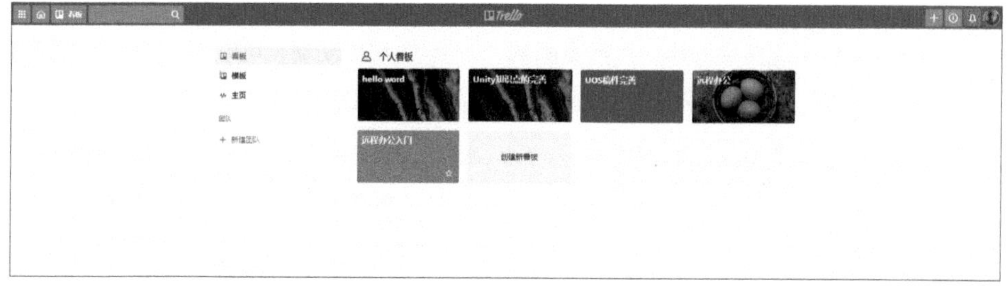

图 7-2

2 Web 端

如果不想下载 Trello 桌面端或只是临时在电脑上使用 Trello，可以通过网页进行登录，Web 端的界面如图 7-3 所示。

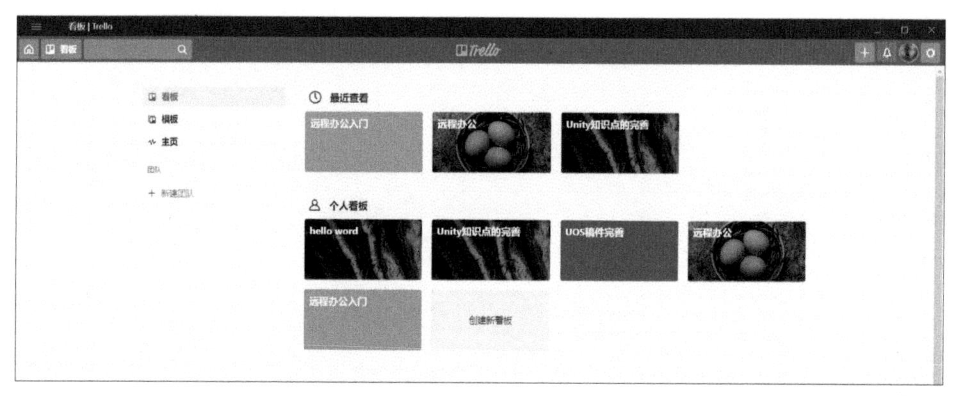

图 7-3

3 移动端

在 iOS 和 Android 对应的应用商店可以下载 Trello 的移动端 APP，移动端界面如图 7-4 所示。

图 7-4

4 注册和登录

用户可以在 Trello 官网或下载的 Trello 客户端上进行注册。

7.1.2 创建看板

Trello 中是以看板的形式管理每一个项目。Trello 桌面端创建看板的过程与 Web 端类似，这里以桌面端为例。单击 Trello 界面右上角的“+”按钮，进入创建看板界面，在创建看板的界面中，可以为看板命名，选择看板样式和选择可见对象等，单击“创建看板”按钮即可创建看板，如图 7-5 所示。

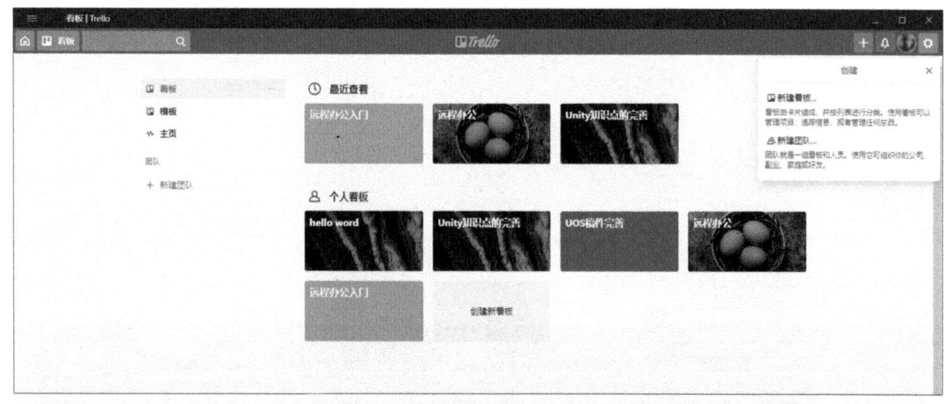

图 7-5

在 Trello 移动端单击界面右下角的“+”按钮，选择“看板”进入创建看板的界面，输入看板名称，单击界面右上角的☑，即可创建看板，如图 7-6 所示。

图 7-6

> **提示**
>
> Trello 上提供多种模板，包括业务、营销、个人等类别，用户在创建看板时，可以根据自己的需求进行选择，如图 7-7 所示。

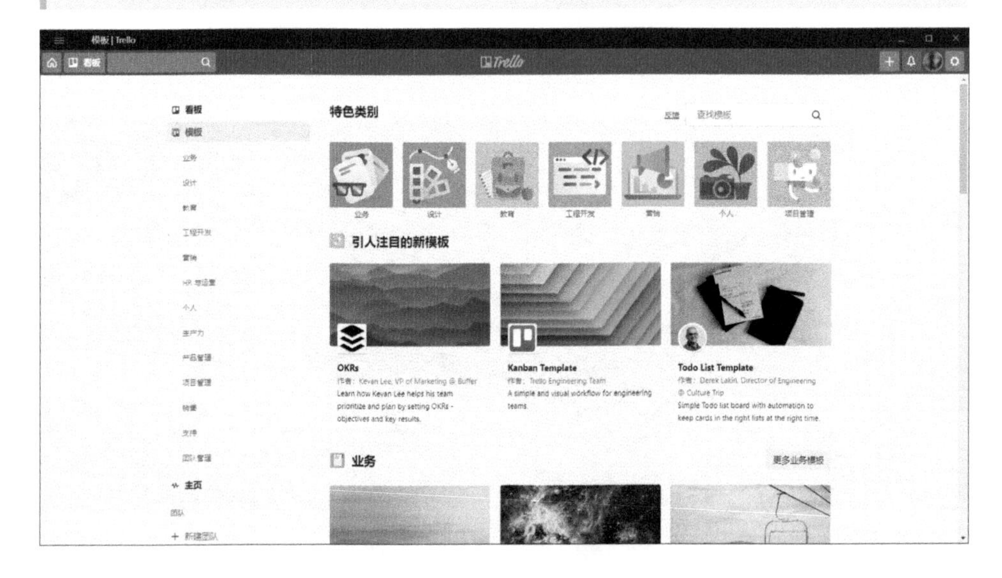

图 7-7

7.1.3 邀请成员

创建好项目看板后，可以邀请成员加入项目，这样就可以多人进行项目协作。在 Trello 桌面端邀请成员与 Web 端类似，这里以桌面端为例。单击看板左上角的“邀请”按钮，在弹出的“邀请加入看板”界面中输入成员的邮箱地址或 Trello 账户的名称，即可邀请成员加入到看板中，如图 7-8 所示。

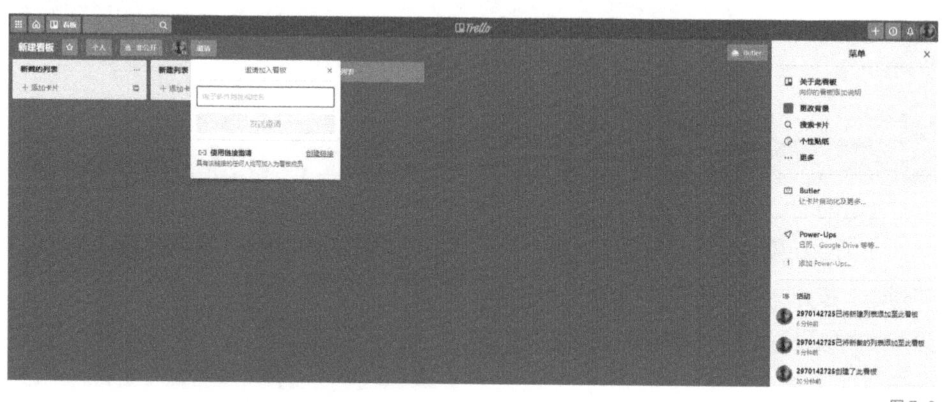

图 7-8

Trello 移动端邀请成员的方法为单击看板界面右上角的“…”按钮，在弹出的窗口中，单击“成员列表”按钮，进入成员列表窗口。单击成员列表窗口右下角的“添加成员”按钮，进入添加成员界面。单击添加成员界面的“分享超链接”按钮即可复制邀请链接。将链接发送给成员，成员进入邀请链接后，单击邀请界面的“加入看板”按钮即可接受邀请，如图 7-9 所示。

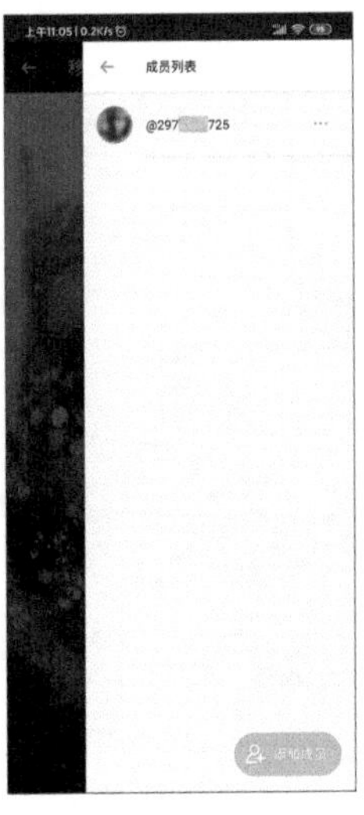

图 7-9

7.1.4 创建列表

进入看板后，可以在看板中创建列表，以列表的形式来管理项目流程。在 Trello 的桌面端创建列表的操作方法与 Web 端类似，这里以桌面端为例。单击看板界面右上角的“添加列表”按钮，在“输入列表标题”框中输入列表的名称，单击“添加列表”按钮即可创建列表，如图 7-10 所示。

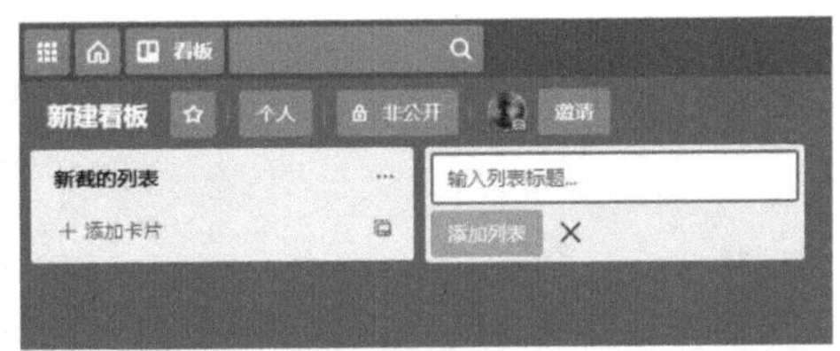

图 7-10

在 Trello 移动端看板界面，单击“添加列表”按钮，在为列表命名后，单击界面右上角的✓，即可创建列表，如图 7-11 所示。

图7-11

7.1.5 创建任务（卡片）

Trello 桌面端创建好的列表下方，可以以卡片的形式创建任务，创建方法与 Web 端类似，这里以桌面端为例。在看板界面中单击列表下方的 “添加卡片”即可创建新的任务并为任务进行命名，如图 7-12 所示。如果创建了多个列表，列表下的卡片可以通过鼠标拖曳的方式更换到另一个列表。

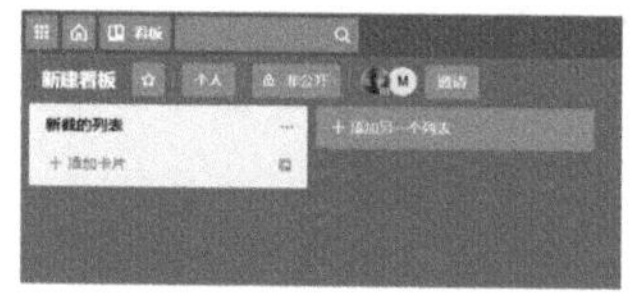
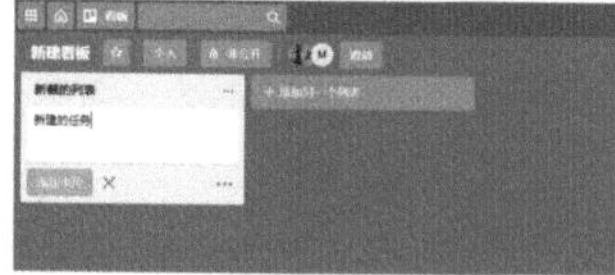

图 7-12

在 Trello 移动端看板界面中单击列表下方的“添加卡片”按钮，在弹出的输入框中为任务命名，单击看板右上角的✓，即可创建任务，如图 7-13 所示。

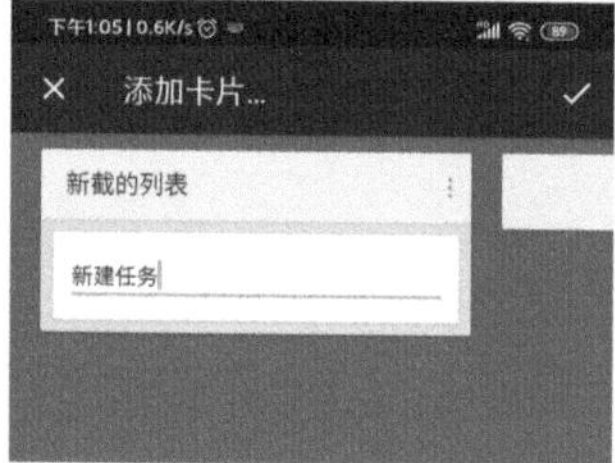

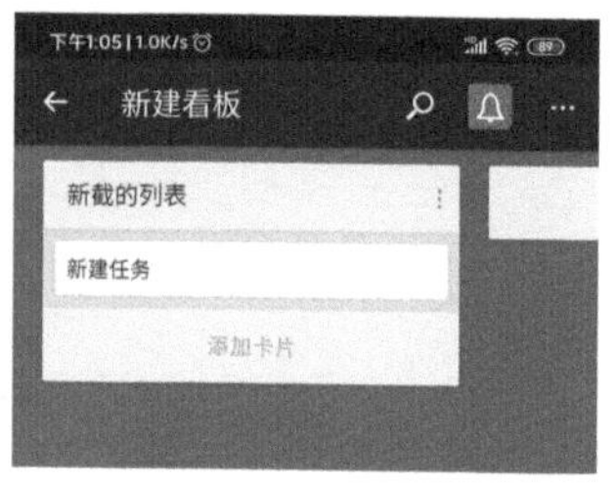

图 7-13

7.1.6 设置任务详情

用户在任务卡片上可以设置更多和任务相关的详细信息，例如任务的负责人、任务的截止时间、任务的标签等，这里详细讲解如何设置任务负责人和任务截止时间。

1 设置任务负责人

Trello 上创建好任务会后可以对每个任务设置任务的负责人，让项目的每项任务都能明确责任到人，方便项目的实施和管理。在 Trello 桌面端设置任务负责人与 Web 端类似，这里以桌面端为例。在看板界面中单击任务右侧的✎，在弹出的菜单栏中，单击“更改成员”按钮，菜单栏会弹出成员窗口，在成员界面中，单击成员的头像即可将其设置为任务负责人，如图 7-14 所示。

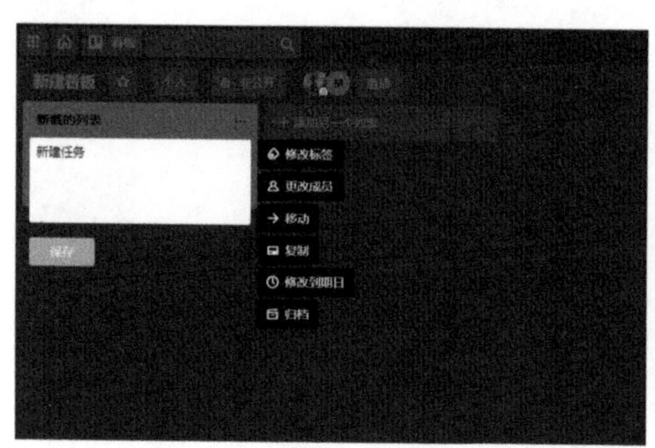

图 7-14

在 Trello 移动端看板界面中单击列表中的任务，在弹出的界面中单击“成员列表”按钮，此时界面会弹出卡片成员界面，在卡片成员界面中单击成员的头像，并单击卡片成员界面右下角的“完成”按钮，即可设置任务的负责人，如图 7-15 所示。

图 7-15

2 设置任务截止时间

Trello 桌面端设置任务截止时间与 Web 端类似，这里以桌面端为例。单击看板界面中任务右侧的 ，在弹出的菜单栏中，单击“修改到期日”按钮，菜单栏会弹出修改到期日的界面，在修改到期日的界面中选择一个时间，单击“保存”按钮即可设置任务到期的时间，如图 7-16 所示。

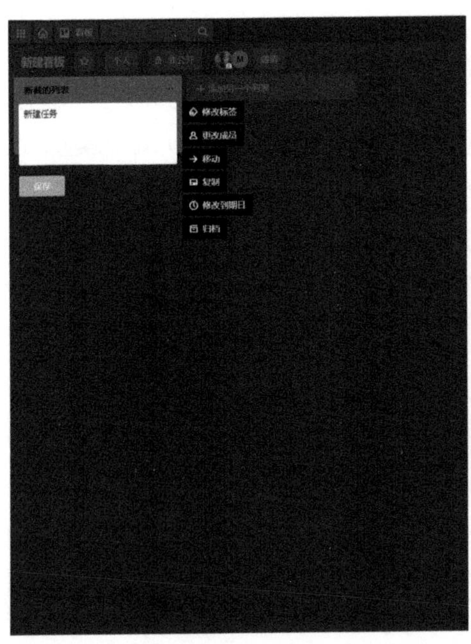

图 7-16

在 Trello 移动端单击列表中的任务，在跳转的界面中，单击“到期日”，并在弹出的界面中选择一个时间，单击“完成”按钮即可设置任务截止的时间，如图 7-17 所示。

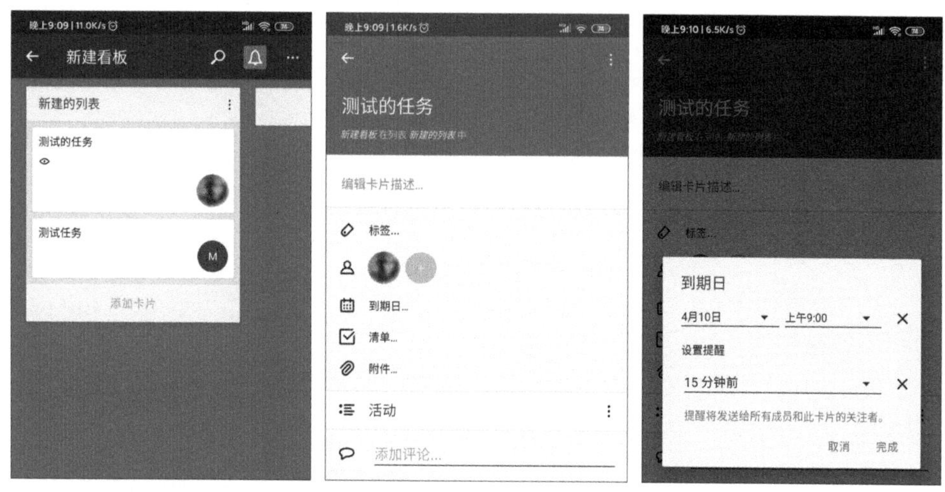

图 7-17

> **提示**
> 用户可以单击进入列表中的某个任务，在弹出的任务界面中对任务进行更加详细的设置，例如添加标签、任务清单、附件等，这里以桌面端为例，如图 7-18 所示。

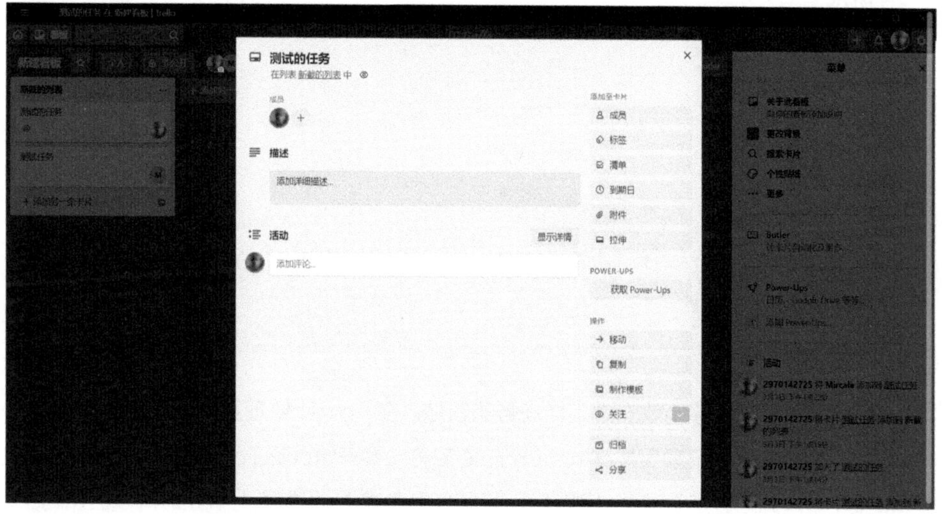

图 7-18

7.1.7 卡片任务的评论功能

运用卡片任务的评论功能可以记录一些碎片信息，方便日后对这些信息进行总结归纳。在 Trello 桌面端使用卡片评论功能的方法为单击任务列表的卡片，在弹出的任务信息窗口的添加评论输入框中，输入自己的评论，单击“保存”按钮即可，如图 7-19 所示。

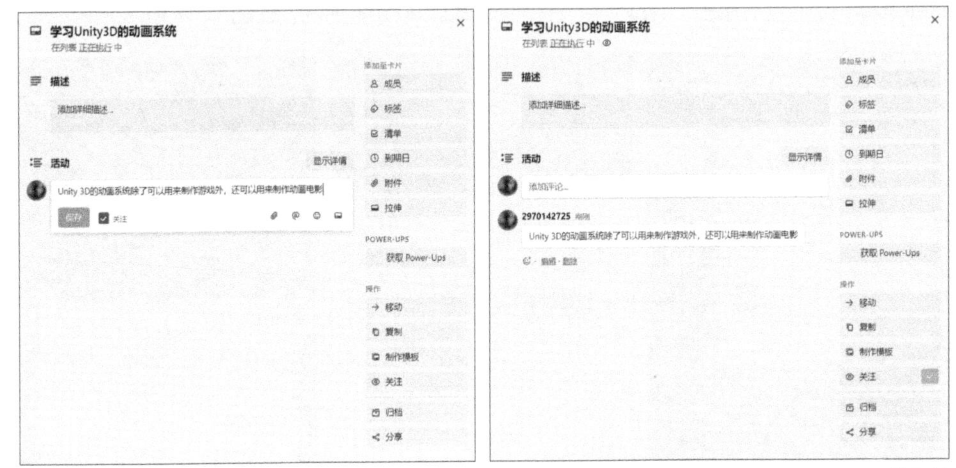

图 7-19

在 Trello 移动端使用卡片评论功能的方法为单击任务列表的卡片，进入任务信息界面，在界面的添加评论输入框中，输入自己的评论，单击界面右上角的☑，如图 7-20 所示。

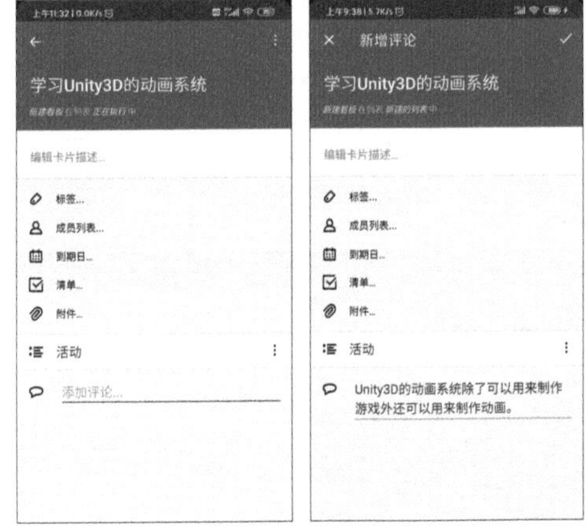

图 7-20

7.2 Tower

Tower 是一款能够高效安排工作任务的软件。在 Tower 中项目进度、任务的负责人都能一目了然，从而保证项目能够顺利进行。本节将从零开始讲解 Tower，包括注册、登录、创建看板、创建列表、邀请成员、创建任务、设置任务负责人、设置任务截止时间及应用场景。

7.2.1 下载、注册和登录

Tower 可以实现多端同步，在 Web 端、微信端、移动端均可使用。在 Tower 的官网首页就有下载链接或者单击导航栏的“资源 - 下载客户端”进入下载界面，可以根据需要选择对应的链接进行下载，如图 7-21 所示。

图 7-21

1 Web 端

在桌面端可以通过网页登录 Tower 进行使用， Web 端的界面如图 7-22 所示。

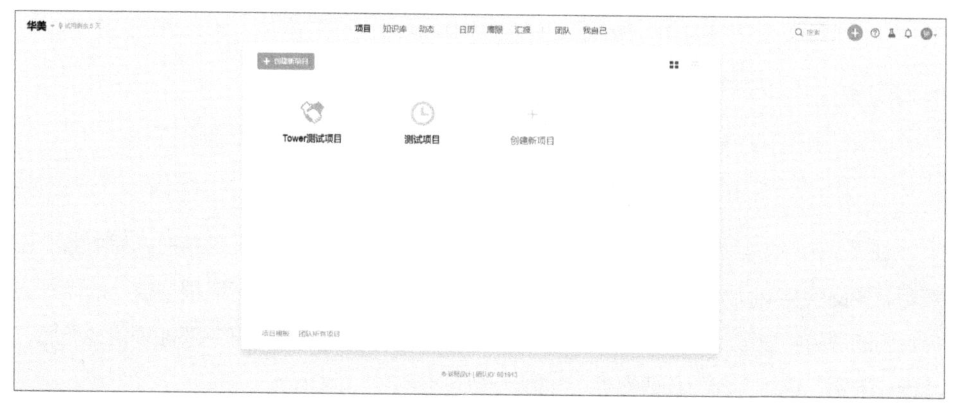

图 7-22

2 微信端

在微信上搜索“Tower 协作”即可进入 Tower 的小程序，小程序界面如图 7-23 所示。

3 移动端

在 iOS 和 Android 对应的应用商店可以下载 Tower 的移动端 APP，移动端界面如图 7-24 所示。

4 注册和登录

用户可以在 Tower 官网或下载的 Tower 客户端进行注册。

图 7-23

图 7-24

7.2.2 创建看板

Tower 中主要是以看板的形式进行项目管理。在 Tower 的 Web 端单击 Tower 界面的“创建新项目”按钮，界面会跳转到创建项目界面。用户可以根据需求选择创建空白项目还是已经创建好的模板，这里以空白看板项目为例，单击创建项目界面的“空白看板项目”，此时界面会跳转到添加项目详情界面。在添加项目详情界面中输入项目名称，并单击“创建项目”按钮，即可创建看板，如图 7-25 所示。

图 7-25

在 Tower 微信端单击移动端界面下方菜单栏中的“项目”按钮，并单击界面中的“+”按钮，界面会自动跳转到创建新项目界面，在创建新项目界面中，可以根据自己的需求选择合适的项目类型进行创建，这里以新建看板项目为例，输入项目名称并添加项目成员后，单击“确定”按钮，即可创建看板，如图 7-26 所示。

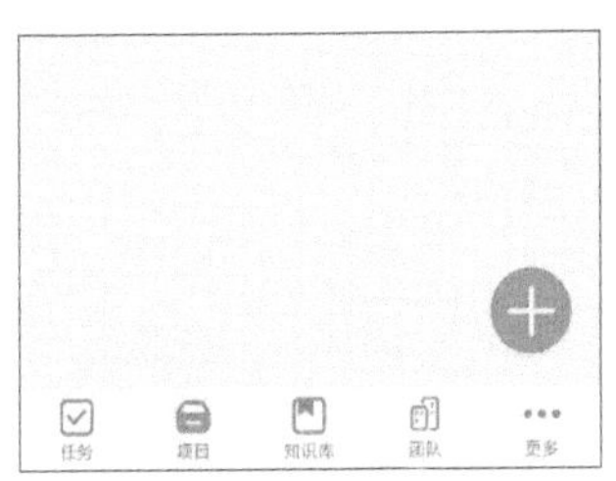

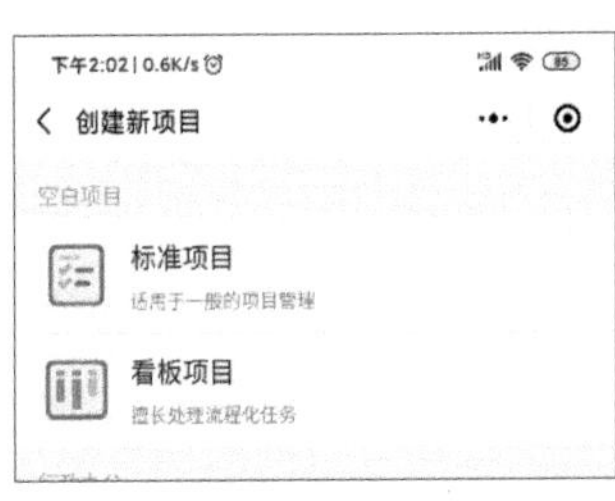

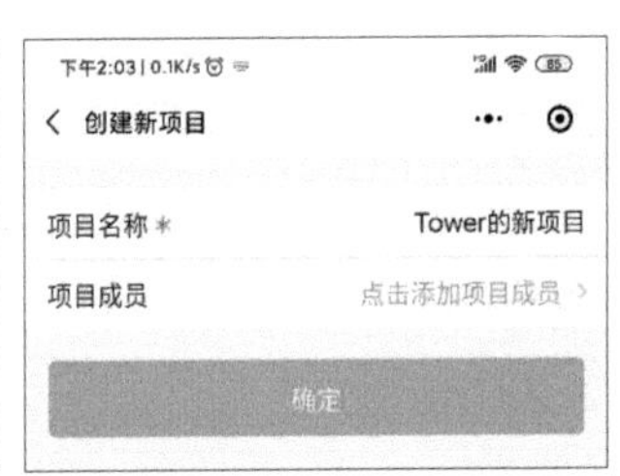

图 7-26

在 Tower 移动端，单击项目界面右上角的“+”按钮，进入新建项目界面，在新建项目界面中，输入项目的名称后，单击移动端界面右上角的“保存”按钮，即可创建看板，如图 7-27 所示。

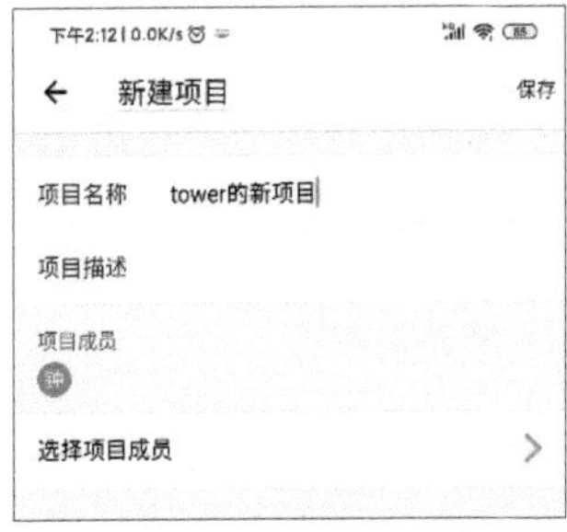

图 7-27

提示

Tower 提供多种模板，用户在创建看板时，可以根据自己的需求进行选择，从而提高工作效率。例如，需求管理模板可以帮助产品经理、项目经理等管理人员来统筹安排产品开发需求，如图 7-28 所示。

图 7-28

7.2.3 邀请成员

创建好项目后可邀请成员加入项目来共同管理项目，下面分别讲解在 Tower 的 Web 端、移动端和微信端如何邀请成员加入项目。在 Tower 的 Web 端单击看板界面上的“添加成员”按钮，进入项目成员界面，将邀请链接发送给项目成员，如图 7-29 所示。

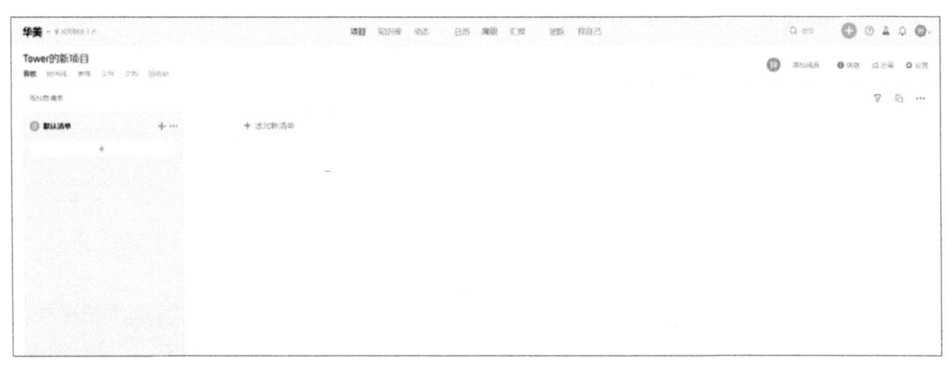

图 7-29

项目成员在进入邀请链接后会跳转到申请加入团队的界面，如图 7-30 所示。

图 7-30

单击界面中的“下一步”按钮，管理员会收到成员的加入申请，如图 7-31 所示。

图 7-31

单击加入申请界面的“审批通过”按钮，进入审批加入申请界面，在界面中选择成员参与的项目，并单击底部的“确认审批通过”按钮，即可将成员添加到项目中，如图 7-32 所示。

图 7-32

在 Tower 微信端单击微信端下方的“团队”按钮，进入团队界面。单击团队界面的“成员”按钮，进入团队成员界面，单击团队成员界面的“邀请新成员”按钮，复制邀请链接，并将其发送给团队成员，如图 7-33 所示。

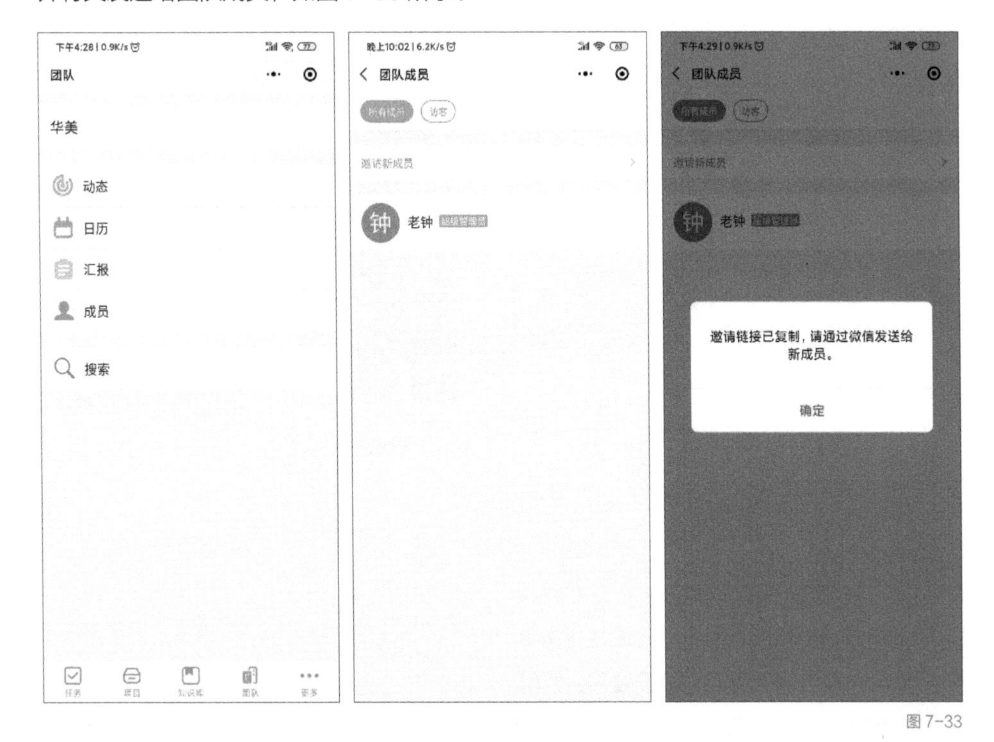

图 7-33

成员进入链接后会跳转到申请加入团队界面，长按识别界面上的二维码，管理员会收到成员的加入申请，如图 7-34 所示，后续操作与 Web 端邀请成员一致，这里不再进行详细讲解。

图 7-34

在 Tower 移动端界面下方的菜单栏中单击“团队”按钮，并单击界面右上角的 8+，界面会跳转到添加成员界面，如图 7-35 所示。将添加成员界面中的链接发送给成员，成员在单击进入链接后会跳转到申请加入团队界面，扫描申请加入团队界面的二维码，管理员通过成员申请后，成员即可加入团队，如图 7-36 所示。

图 7-35

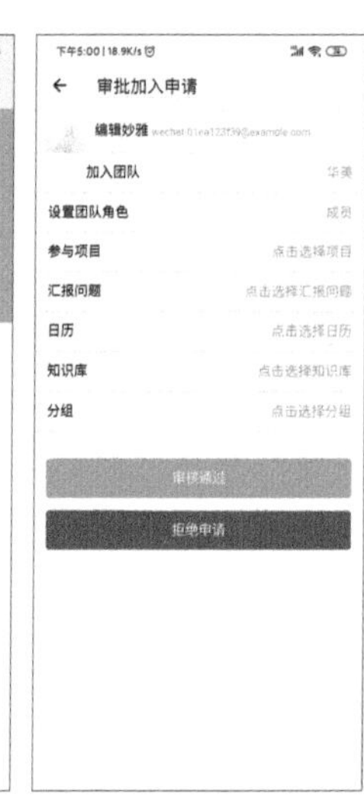

图 7-36

成功邀请成员加入后，即可设置成员参与的项目。单击看板界面的“设置”，界面会自动跳转到设置界面，如图 7-37 所示。

单击设置界面的“参看、修改项目成员”按钮，界面会自动跳转到选择成员界面，根据需求在选择成员界面中，选择需要加入项目的成员，即可将成员邀请到项目中，如图 7-38 所示。

图 7-37　图 7-38

7.2.4 创建任务清单

创建好看板后可以在看板中以列表的形式创建任务清单，通过任务清单来管理任务的进度。在 Web 端打开某个项目后，单击看板界面中的“添加新清单”按钮，在弹出的对话框中，输入任务清单的名称，单击“创建清单”按钮即可创建任务清单，如图 7-39 所示。

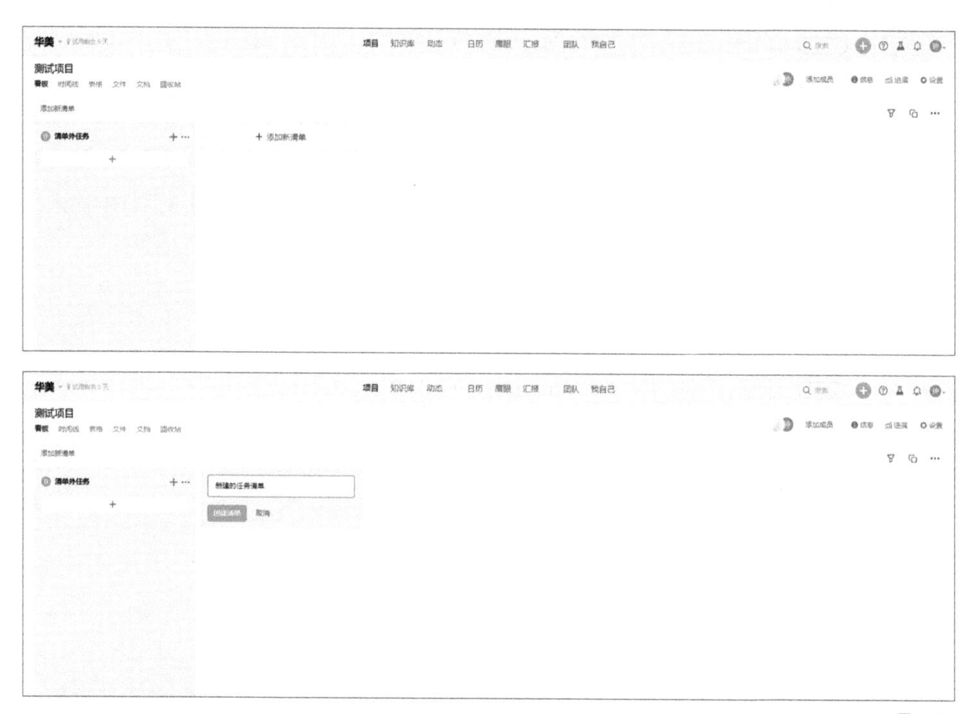

图 7-39

在 Tower 微信端打开某个项目后，单击看板界面右下角的“+”按钮，在底部弹出的菜单栏中，单击“添加任务清单”按钮，进入新建任务清单界面，输入任务清单的名称，单击“确定”按钮即可创建任务清单，如图 7-40 所示。

在 Tower 移动端打开某个项目后，单击看板界面上的“新建任务清单”，在新建任务清单界面中输入任务清单的名称，单击“保存”按钮即可创建任务清单，如图 7-41 所示。

图 7-40　　图 7-41

7.2.5 创建任务

在任务清单的下方可以以卡片的形式创建任务将同一状态的任务放在一个清单的下方，每当任务进行到下一个阶段就将其移至另一个清单，这样可以用来明确每一个任务的状态。在 Tower 的 Web 端单击“任务清单下方的“+”按钮，在弹出的对话框中输入任务的名称后，按下键盘的回车键或单击任意位置即可创建任务，如图 7-42 所示。

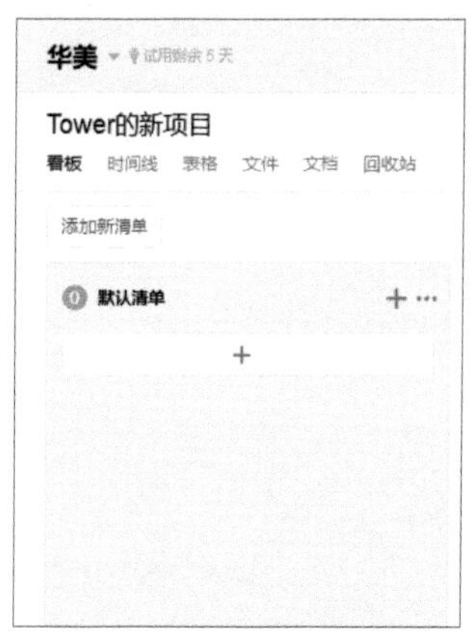

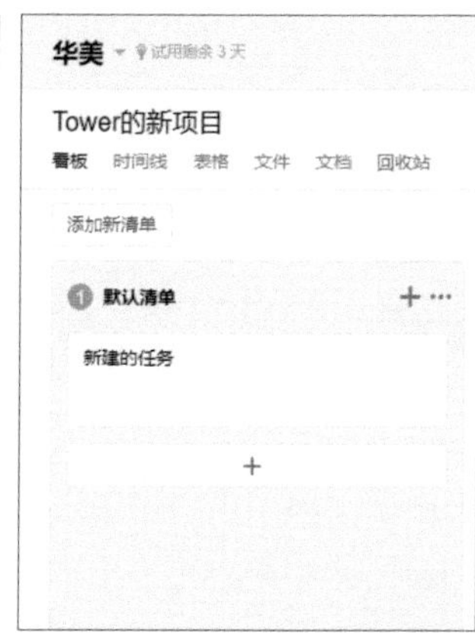

图 7-42

在 Tower 微信端单击看板界面的“+”按钮，在弹出的菜单栏中单击“添加任务”按钮，界面会跳转到添加任务界面，在添加任务界面必须输入任务名称，除此之外，还可以根据情况设置任务负责人、截止日期、优先等级等，单击“确定”按钮即可创建任务，如图 7-43 所示。

Tower 移动端创建任务的方法与微信端类似，单击看板界面下方的“添加任务”按钮即可创建任务，如图 7-44 所示。

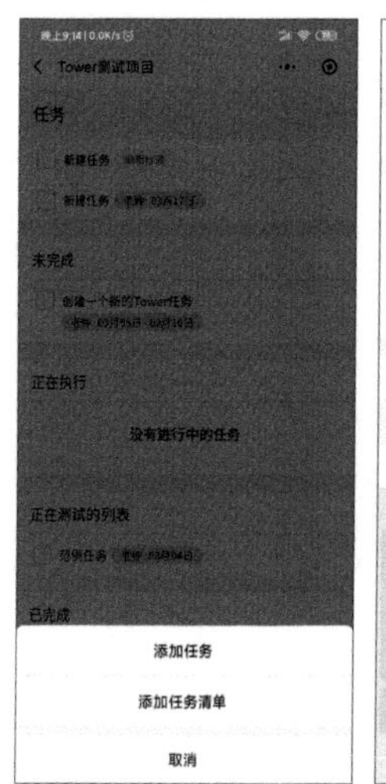

图 7-43

图 7-44

7.2.6 设置任务详情

在Tower中创建的每一个任务都可以对任务内容进行更详细的设置，包括任务负责人、截止时间、子任务等，从而明确任务责任和进度等，以 Web 端为例，单击列表中的任务，在弹出的任务界面中，即可设置更多和任务相关的详细信息，如图 7-45 所示。同时在看板界面上也可以快速为卡片设置任务负责人和任务截止时间，详细介绍如下。

图 7-45

1 设置任务负责人

Tower 中创建好任务后，通过设置任务负责人来保证任务实施责任明确。在 Web 端快速设置任务负责人的方法为单击任务卡片右侧的 ，在弹出的菜单栏中，单击成员的头像和姓名，即可设置任务负责人，如果有很多项目成员，还可以在搜索框中输入关键字快速查找到想要设置为负责人的成员，如图 7-46 所示。

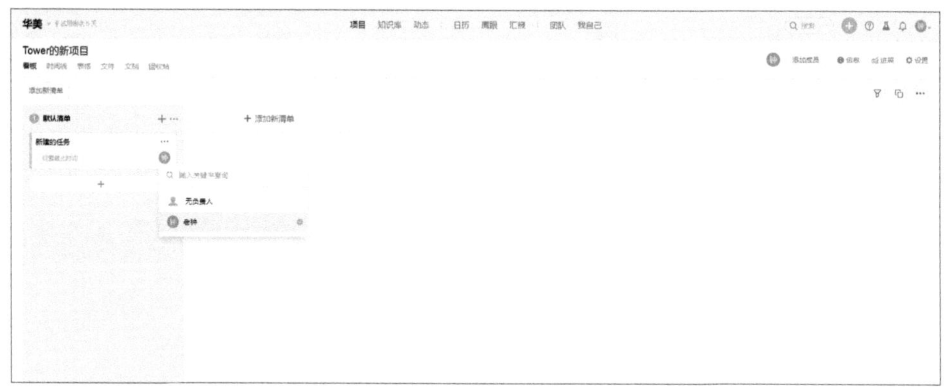

图 7-46

在 Tower 微信端可以通过项目清单下的任务卡片设置任务负责人，进入任务界面后单击“选择负责人”，在选项负责人界面即可设置任务负责人，如图 7-47 所示。

在 Tower 移动端设置任务负责人的方法与微信端类似，进入任务卡片后，界面会自动跳转到任务详情界面，在任务详情界面单击“选择负责人”，即可跳转到选择负责人界面设置任务负责人，如图 7-48 所示。

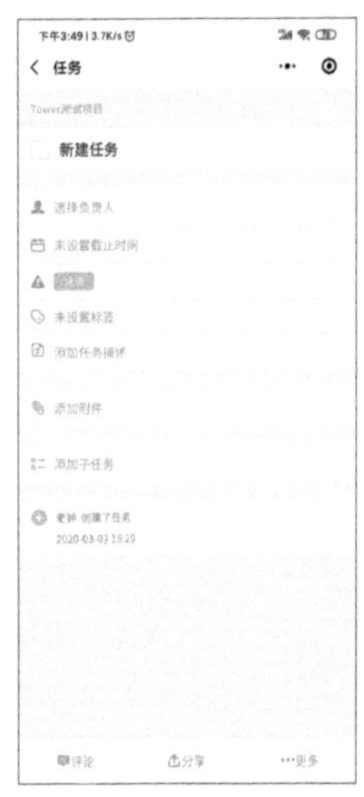

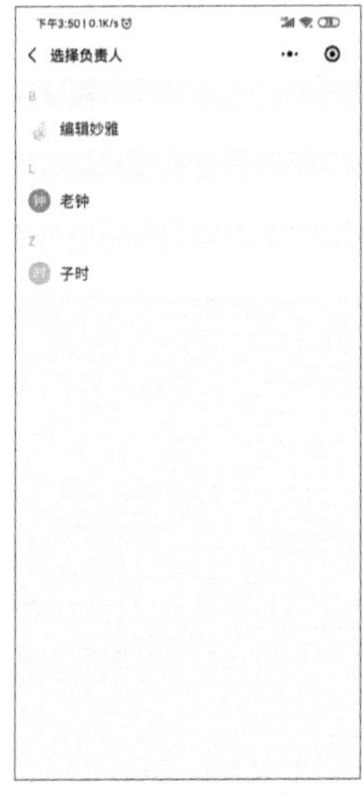

图 7-47

图 7-48

2 设置任务截止时间

Tower Web 端可以通过单击任务左侧的“设置截止时间”按钮，在弹出的时间表中选择日期来设置任务的截止时间，如图 7-49 所示。

Tower 微信端设置任务截止时间的方法为单击列表中的任务，进入任务界面。单击任务界面中的“未设置截止时间”，此时界面会跳转到修改任务时间界面，在修改任务时间界面中即可设置任务的开始日期和截止日期的时间，如图 7-50 所示。

图 7-49

图 7-50

7.3 Teambition

Teambition 是一款线上的项目管理工具，使用 Teambition 用户能够轻松进行任务分配，并能直观地看到当前项目的进度，让团队协作焕发无限可能。本节将从零开始讲解 Teambitioin，包括注册、登录、创建看板、创建列表、邀请成员、创建任务、设置任务负责人、设置任务截止时间及应用场景。

7.3.1 下载、注册和登录

Teambition 可以实现多端同步，在 Web 端、桌面端、移动端上均可使用。单击 Teambition 官网下方产品列表中的下载按钮，界面会自动跳转到下载界面，用户可以根据需要选择对应链接进行下载，如图 7-51 所示。

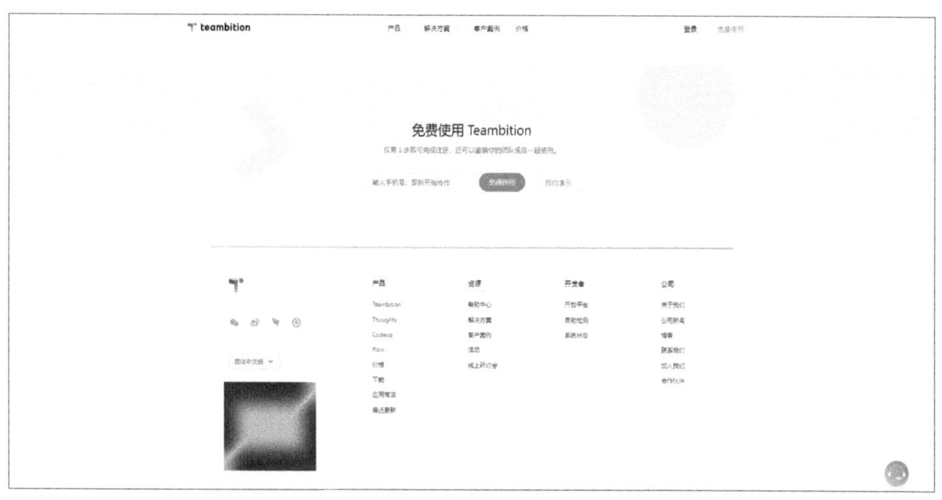

图 7-51

1 桌面端

Teambition 的桌面端需要在官网下载，安装完成后界面如图 7-52 所示。

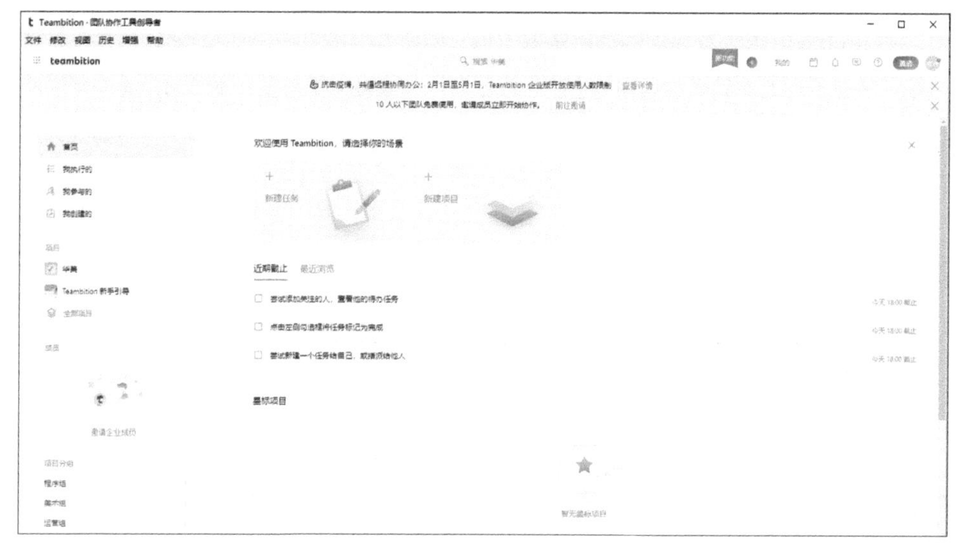

图 7-52

2 Web 端

如果不想下载 Teambition 桌面端或者只是临时在电脑上使用，可以通过官网进行登录，Web 端界面如图 7-53 所示。

3 移动端

在 iOS 和 Android 对应的应用商店可以下载 Teambition 移动端 APP，移动端界面如图 7-54 所示。

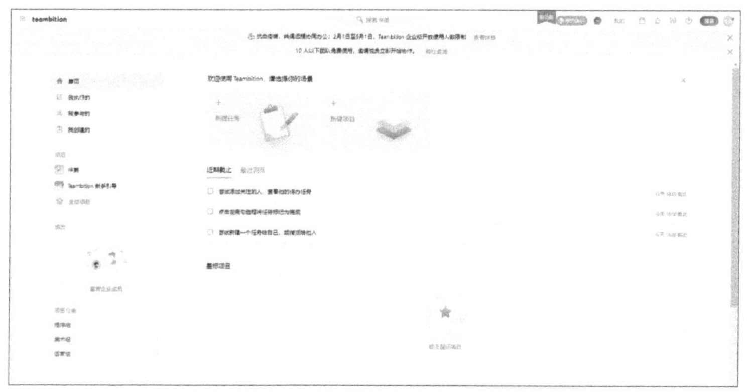

图 7-53

图 7-54

4 注册和登录

用户可以在 Teambition 官网或下载的 Teambition 客户端进行注册和登录。

7.3.2 创建项目

Teambition 桌面端创建项目与 Web 端类似，这里以桌面端为例。在 Teambition 桌面端首页界面中，单击“新建项目”按钮，会弹出选择项目模板界面，可以根据需求选择新建项目或合适的模板进行创建，这里以选择新建工作流项目为例，如图 7-55 所示。

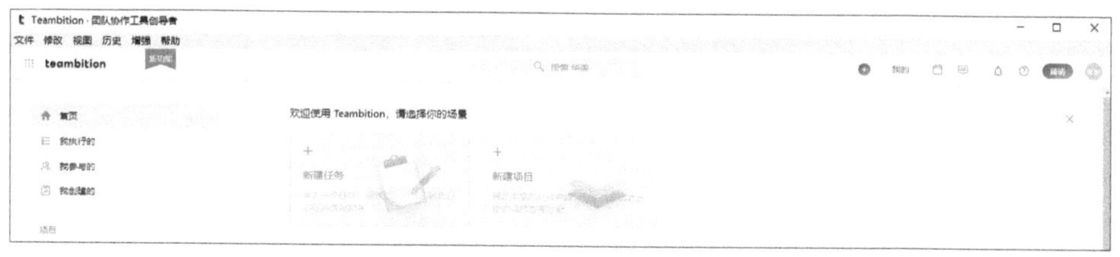

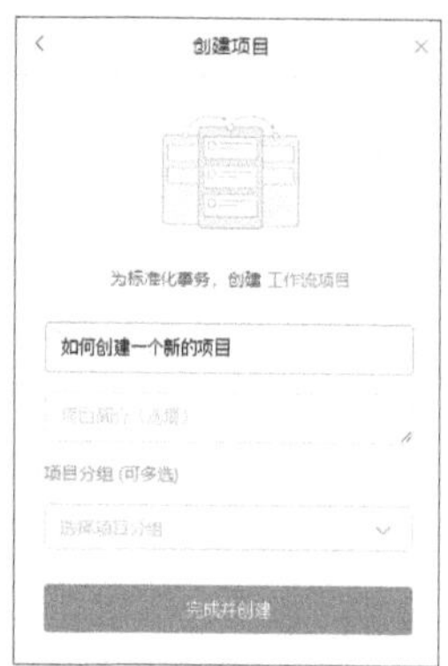

图 7-55

Teambition 移动端创建项目的方法为，单击移动端界面右上角的“+”按钮，在弹出的界面中选择 “项目”按钮，此时界面会跳转到创建项目界面，设置好相应的信息后，单击界面右上角的✓，即可创建项目，如图 7-56 所示。

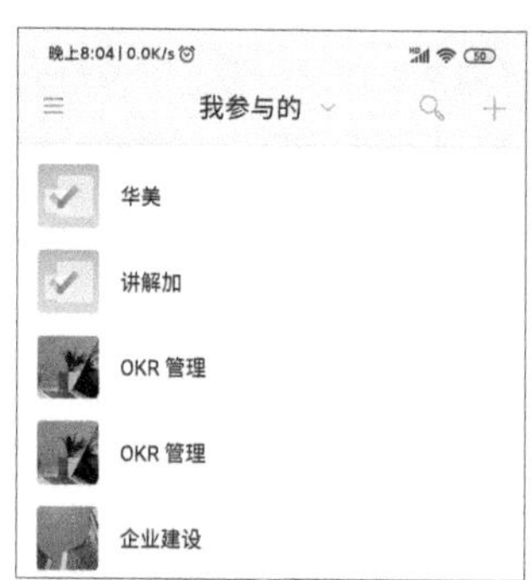

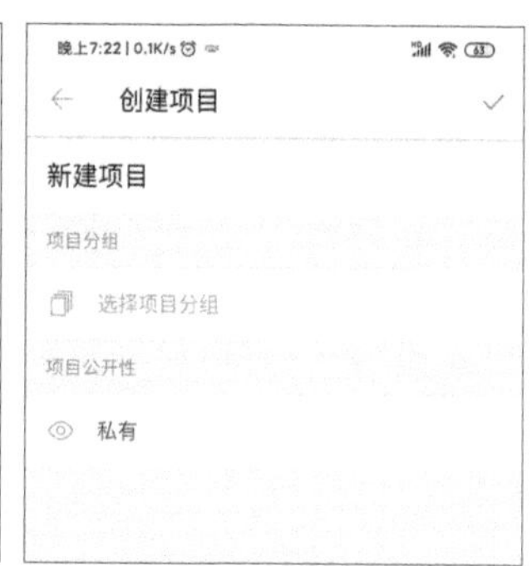

图 7-56

提示

Teambition 提供多种类型的模板，包括企业建设模板、个人安排模板等，用户在创建看板时，可以根据自己的需求进行选择，如图 7-57 所示。

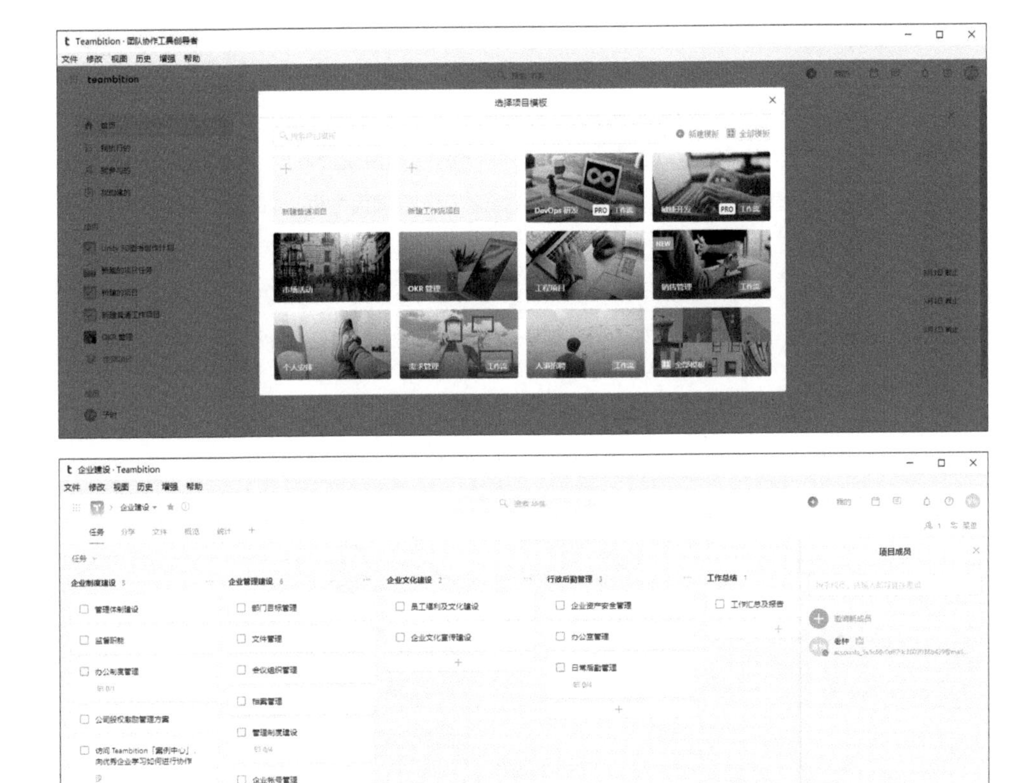

图 7-57

7.3.3 邀请成员

Teambition 桌面端邀请成员加入项目的操作步骤与 Web 端类似，这里以桌面端为例进行详细介绍。单击项目界面右上角的 ，在弹出菜单中单击“邀请新成员”进入邀请新成员界面，如果在 Teambition 中设置了群组和部门，可以直接通过群组和部门进行邀请；如果没有，还可以通过微信进行邀请，下面主要讲解如何通过微信来邀请成员，如图 7-58 所示。

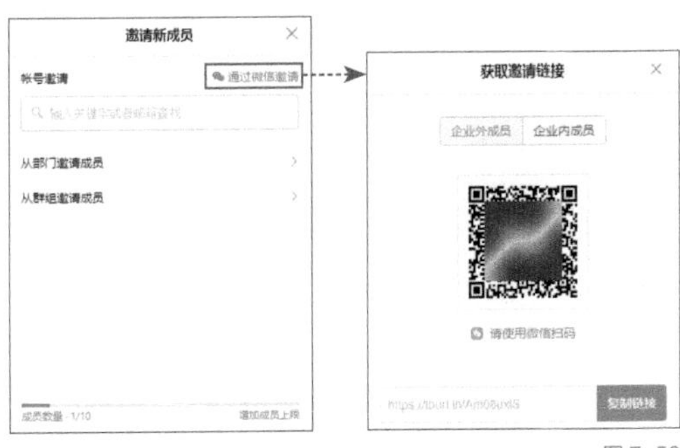

图 7-58

单击获取邀请链接界面下方的“复制链接”按钮复制邀请链接，并将其发送给成员，成员进入链接后，界面如图 7-59 所示。如果账户处于登录状态，单击“加入项目”按钮，即可加入项目；如果账户处于未登录状态，单击“使用其他账号注册”按钮，即可注册和登录账户加入项目。

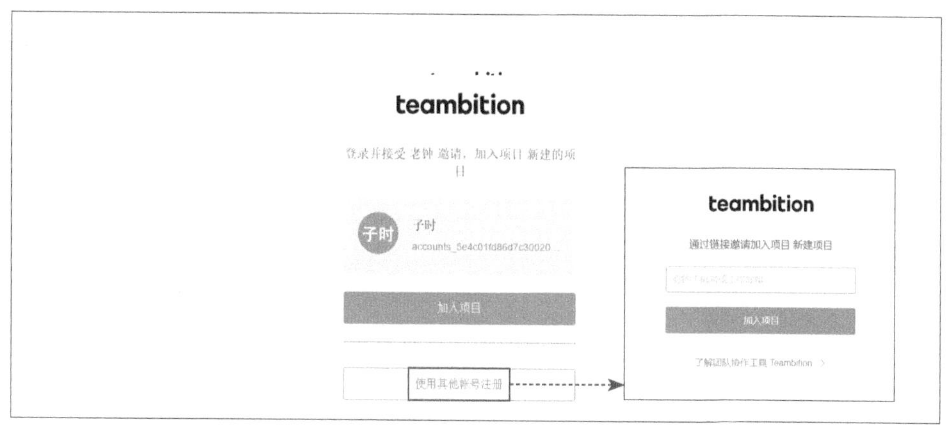

图 7-59

Teambition 移动端邀请成员的方法为，单击移动端右上角的☰，界面会跳转到添加成员界面，用户可以通过二维码、微信、企业部门和企业群组邀请成员。

这里以通过微信邀请为例，单击添加成员界面中的“通过微信邀请”按钮复制邀请链接，并将其发送给成员。成员进入链接后，在弹出的界面中单击“接受邀请”按钮，成功加入项目，单击“前往 App”按钮即可进入项目。Teambition 的账号即可接受邀请，如图 7-60 所示。

图 7-60

7.3.4 创建状态（列表）

Teambition 桌面端有两种新建空白项目的方式，分别是“新建普通项目”和“新建工作流项目”。这两种项目都以列表的形式来管理项目中的任务，且操作方法一致，区别就在于列表的名称不同，普通项目中将列表称为任务列表，工作流项目中将列表称为状态，这里以在工作流项目中创建列表为例进行详细介绍。因为在 Teambition 桌面端中创建列表的方法与 Web 端类似，所以这里主要介绍如何在桌面端创建列表。在工作流项目的任务界面中，单击“添加状态”按钮，并在弹出的对话框中输入列表的名称后，单击“添加”按钮，即可创建列表，如图 7-61 所示。

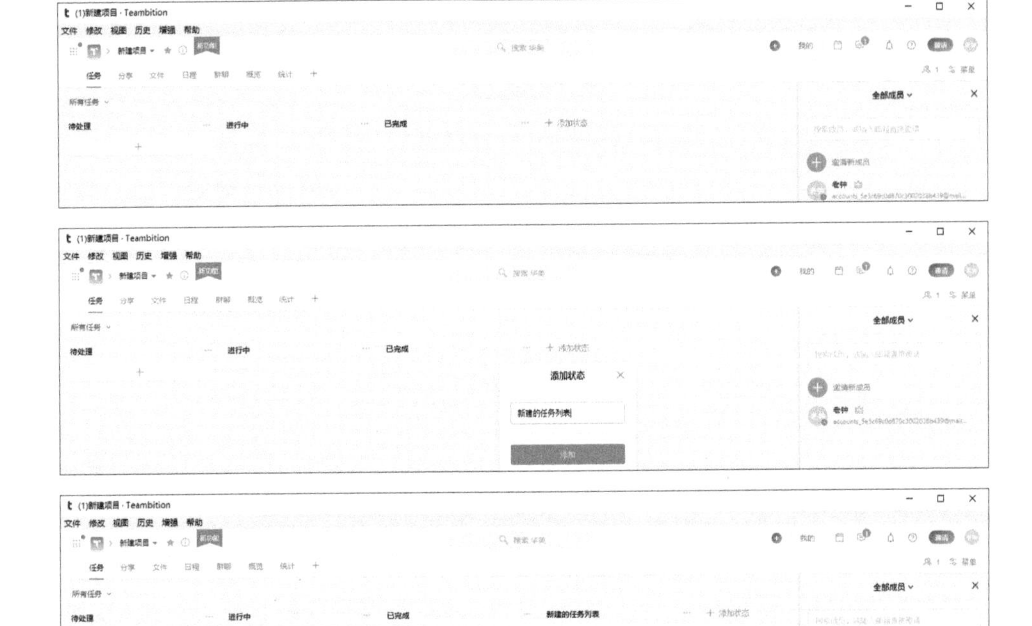

图 7-61

在 Teambition 移动端创建列表的方法为单击项目界面右上角的“…”按钮，在弹出的菜单栏中选择“在此后添加新状态”，并在弹出的“添加状态”对话框中输入新的状态的名称，单击“创建”按钮，即可创建状态，如图 7-62 所示。

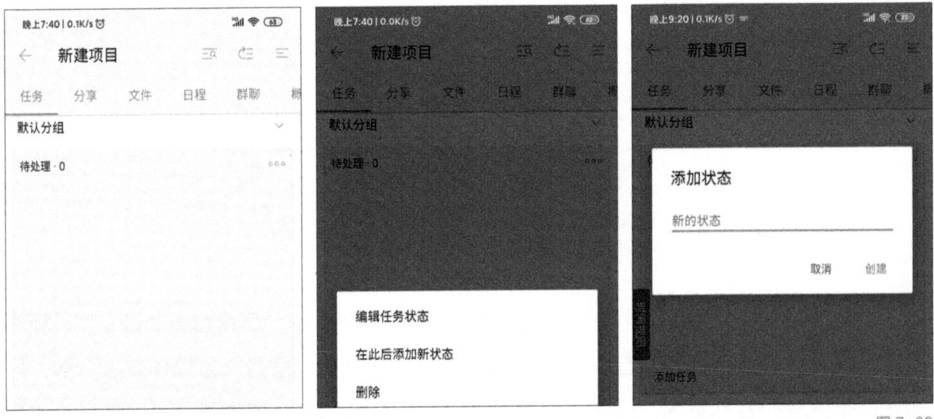

图 7-62

7.3.5 创建任务

Teambition 桌面端创建任务与 Web 端类似，这里以桌面端为例进行详细介绍。单击状态下方的“+”按钮，并在弹出的“创建任务”对话框中输入任务的名称，单击“完成”按钮，即可创建任务，如图 7-63 所示。

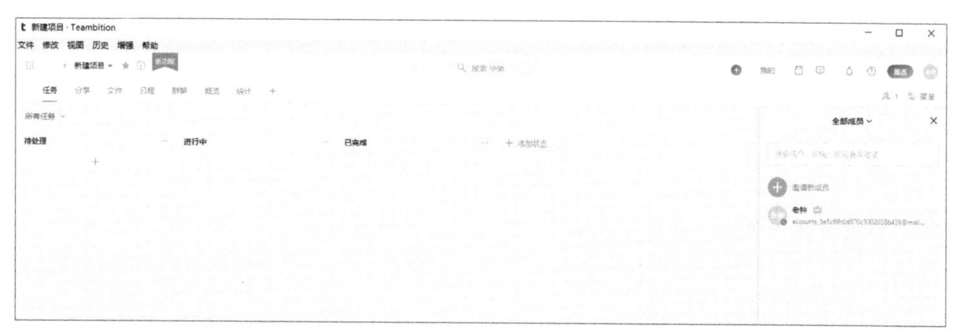

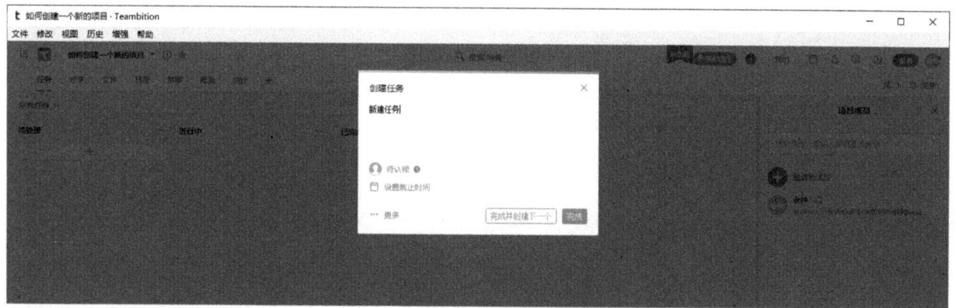

图 7-63

Teambition 移动端创建任务的方法为单击项目界面左下角的“添加任务”按钮，界面会转到新任务界面，在界面中输入任务的标题后，单击界面右上角的✓，即可创建任务，如图 7-64 所示。

图 7-64

7.3.6 设置任务详情

在 Teambition 中单击列表中的任务，在弹出的任务界面中，可以设置更多和任务相关的详细信息，例如任务的负责人、任务的截止时间、任务的备注等，以 Web 端为例，界面如图 7-65 所示。

1 设置任务负责人

Teambition 桌面端设置任务负责人的方法与 Web 端类似，这里以桌面端为例进行详细介绍。单击状态下的任务，在弹出的新建任务界面中单击执行者后的“待认领”，并在弹出的菜单栏中单击成员的头像和姓名，即可设置任务负责人，如图 7-66 所示。

图 7-65

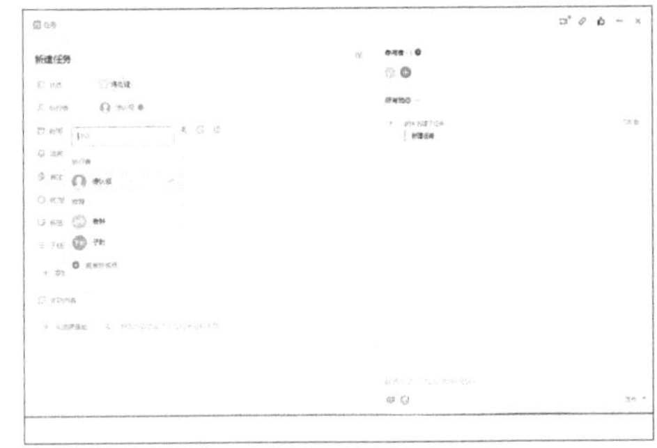

图 7-66

Teambition 移动端设置任务负责人的方法为单击状态下的任务，进入新建任务界面，单击界面中的“设置执行者”，进入执行者界面，在执行者界面中单击成员的头像和姓名即可设置任务负责人，如图 7-67 所示。

图 7-67

2 设置任务截止时间

Teambition 桌面端中设置任务截止时间的方法与 Web 端类似，这里以桌面端为例进行详细介绍。单击状态中的任务，在弹出的任务界面中，单击“设置截止时间”，并在弹出时间表中，选择一个日期，即可设置任务的截止时间，如图 7-68 所示。

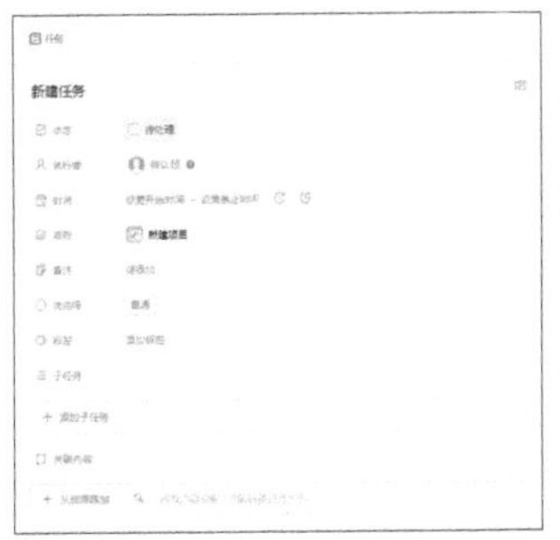

图 7-68

Teambition 移动端设置任务截止时间的方法与桌面端一样，单击状态下的任务，在任务界面单击“设置开始时间”或“设置截止时间”，在弹出的日历中选择计划的时间即可完成设置，如图 7-69 所示。

图 7-69

7.4 Trello 的应用场景：管理学习进度

本节将以个人学习进度管理为例讲解 Trello 看板、任务列表、任务卡片和任务卡片评论功能的应用场景。小周是一位大三的学生，从小就非常喜欢游戏，梦想有一天能够成为一名游戏开发者，为此他决定学习 Unity 3D。为了能够顺利实现自己的梦想，小周决定使用 Trello 来管理自己每天的学习进度。小周使用 Trello 创建了一个新的看板，用于记录和管理每天 Unity 3D 的学习计划和进度，如图 7-70 所示。

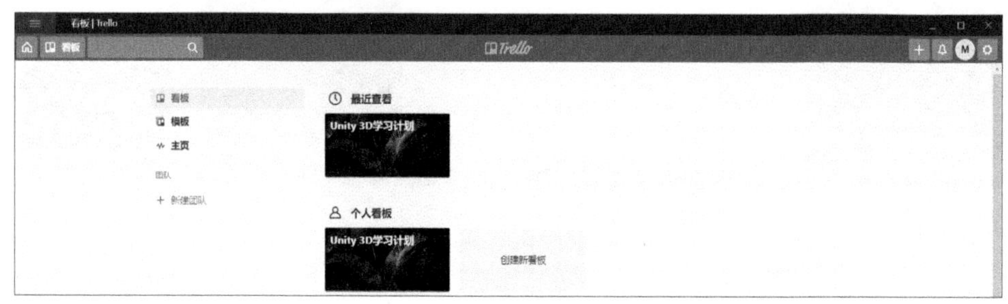

图 7-70

小周先在看板中创建 3 个任务列表，分别命名为未完成、正在执行、已完成，用于管理学习的进度，如图 7-71 所示。

图 7-71

小周在任务列表中创建了几张任务卡片，用来记录 Unity 3D 的学习任务，并根据任务的完成情况对卡片进行分类，没有执行的任务放在“未完成”列表中，正在执行的任务放在“正在执行”的列表中，完成的任务则放置在“已完成”的列表中，如图 7-72 所示。

图 7-72

小周在学习过程中经常会收到很多启发，为了避免自己遗忘，小周会使用任务卡片的评论功能记录下当时的想法，方便日后对这些想法进行整理归纳，如图 7-73 所示。

扫描图 7-74 所示的二维码即可观看本案例的视频演示。

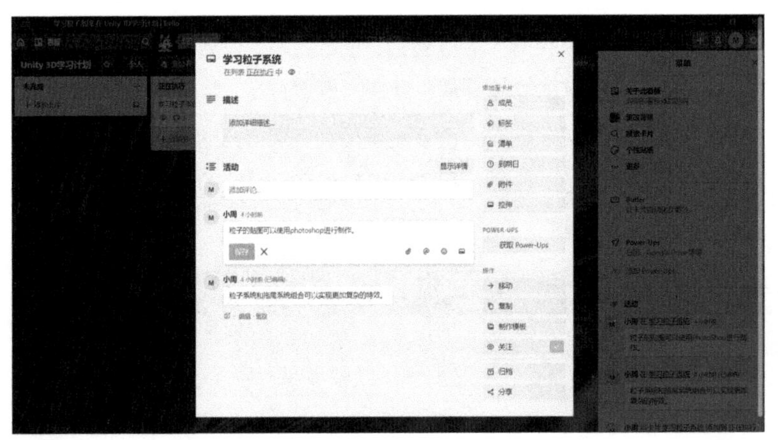

图 7-73

图 7-74

第8章

协作套件——远程办公工具的综合运用

使用专业的协作套件可以更高效地管理企业。专业的协作套件中，提供了日常考勤、在线文档、云空间等日常办公中使用频率较高的功能，合理运用这些功能，可以帮助团队成员提高工作的效率。

8.1 钉钉

钉钉是一款免费的沟通和协同软件，提供 PC 版、Web 版和手机版，支持手机和电脑间文件互传。本节将从零开始讲解钉钉，包括注册、登录、创建企业、事件审批等功能，以及应用场景。

8.1.1 下载、注册和登录

钉钉可以实现多端同步，包括桌面端和移动端，可以通过钉钉官网首页导航栏中的“下载”按钮进入下载页面，再根据需求选择对应的下载方式进行下载，如图 8-1 所示。

图 8-1

1 桌面端

钉钉 PC 和 Mac 的桌面端可以在官网进行下载，安装完成后的界面如图 8-2 所示。

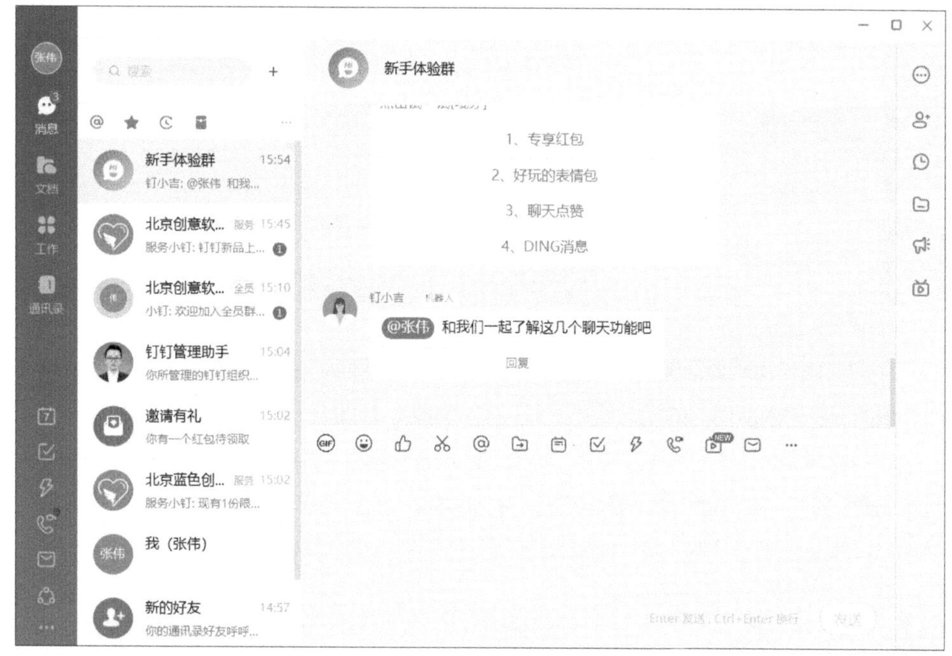

图 8-2

2 移动端

在 iOS 和 Android 对应的应用商店可以下载钉钉的移动端 APP，移动端界面如图 8-3 所示。

图 8-3

3 注册和登录

用户可以在钉钉官网或下载的钉钉客户端进行注册。

8.1.2 企业管理

利用钉钉可以高效地管理团队或企业的各项事务。在钉钉中可以创建团队，将团队进行企业认证后即可转为企业，和团队相比，企业拥有更多的权限和功能。

1 创建团队

用户在注册钉钉账号后即可创建团队。钉钉桌面端创建团队的方法为，单击钉钉界面的“通讯录”按钮，在通讯录界面中单击“创建团队”，界面会自动跳转到创建团队界面，如图 8-4 所示。

图 8-4

用户在创建团队界面输入手机号，单击“立即创建团队”按钮，即可登录钉钉，在界面中根据提示输入新团队的相关信息后即可创建团队，如图 8-5 所示。

在钉钉移动端创建团队的方法为，单击钉钉界面底部的“通讯录”按钮，进入创建企业 / 组织 / 团队界面，在界面中填写团队名称、行业类型、人员规模、团队所在地区等信息后，单击钉钉界面底部的“下一步”按钮，即可创建团队，如图 8-6 所示。

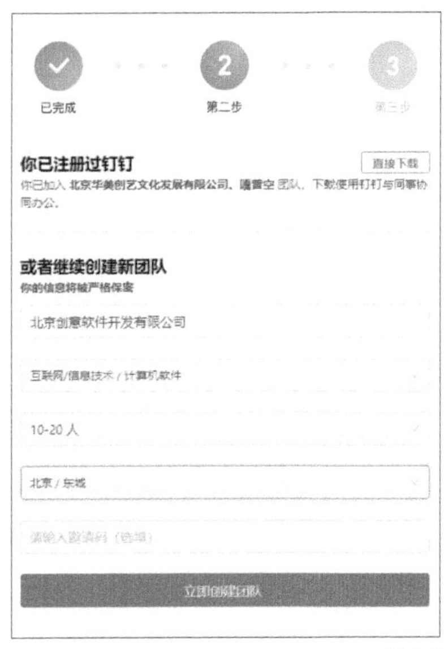

图 8-5

图 8-6

2 企业认证

创建团队后可以上传营业执照、统一社会信用码、法人代表等信息进行企业认证，认证后可以在钉钉上解锁更多的功能，下面分别介绍如何在钉钉桌面端和移动端进行企业认证。在钉钉桌面端单击钉钉界面左下角的“…”按钮，在弹出的菜单栏中单击“管理后台”按钮，进入管理后台界面，如图 8-7 所示。

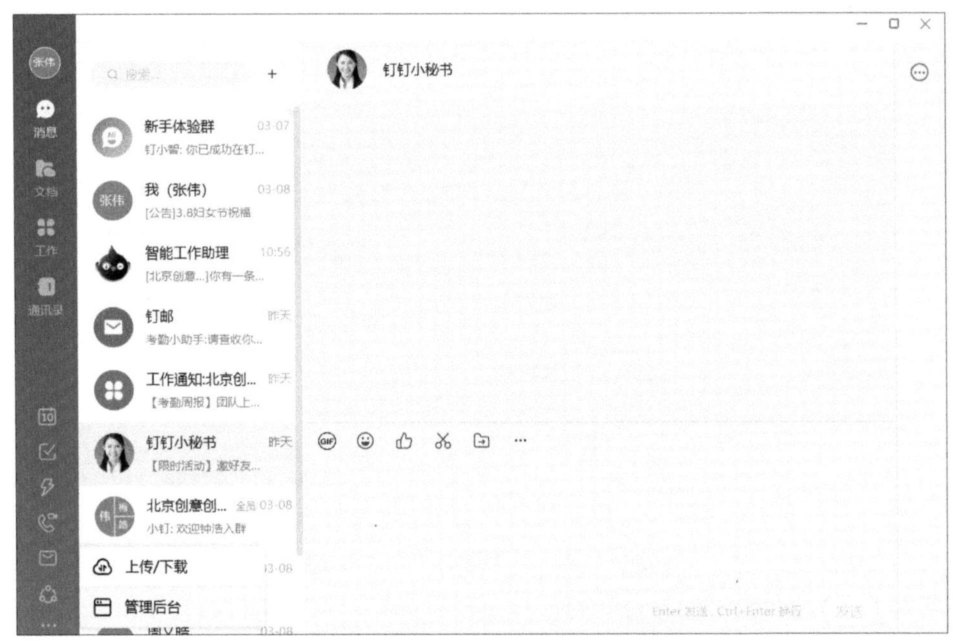

图 8-7

提示

第一次进入管理后台时界面会提示设置管理后台登录密码，以后每次登录管理后台时都需要输入该密码才能进入管理后台，如图 8-8 所示。

图 8-8

进入管理后台后单击管理后台界面左下角的“申请企业认证”按钮，界面会自动跳转到选择认证类型界面，可以根据需求选择其中一种认证方式，这里以选择高级认证为例，如图 8-9 所示。

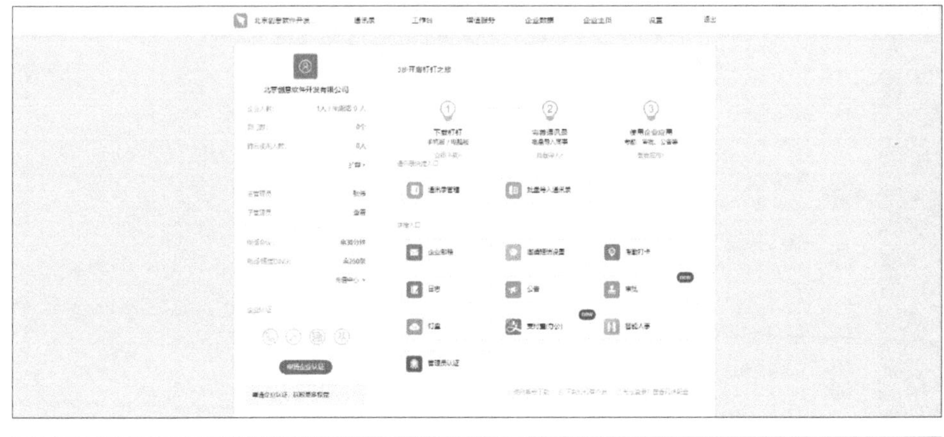

图 8-9

在选择认证类型后进入企业信息认证界面。如果进行企业认证的账户还未进行实名认证，界面上方会提示完成实名认证后才可完成企业认证。如果已完成实名认证可直接填写企业信息，勾选界面底部的“已阅读并同意”，单击“提交审核”按钮即可进行企业认证，如图 8-10 所示。

北京创意软件开发…　通讯录　工作台　增值服务　企业数据　企业主页　设置　退出

申请人实名认证

你已在手机上完成了个人实名认证

填写企业信息

请选择企业、政府/事业单位、或其他组织，并按照对应的类别进行信息登记。

企业（待完成）　政府/事业单位　其他组织

有营业执照的企业及分支机构

证件类型＊：◉多证合一营业执照(原"注册号"字样,调整为18位的"统一社会信用代码")

○普通营业执照(仍然标识为15位的"注册号")

营业执照＊：

选择文件

点击查看模版

统一社会信用代码＊：

企业名称＊：

图 8-10

在钉钉移动端单击钉钉界面底部的“通讯录”按钮，界面会自动跳转到通讯录界面，单击通讯录界面上方的“管理”，进入企业管理界面，如图 8-11 所示。

在企业管理界面中单击“企业认证”，界面会自动跳转到选择认证类型界面，根据需求选择一种认证类型，这里以选择高级认证为例，如图 8-12 所示。

图 8-11

图 8-12

选择认证类型后，界面会自动跳转到选择组织类型界面，根据需求选择不同的组织类型，这里以选择企业为例，进入企业认证界面单击界面底部的“开始填写”按钮即可进行企业认证，如图 8-13 所示。

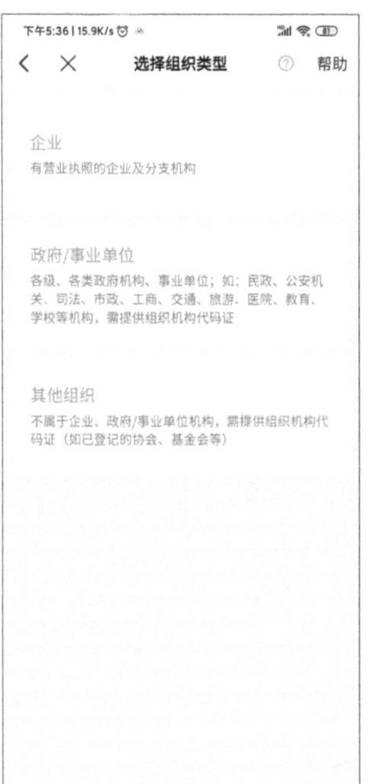

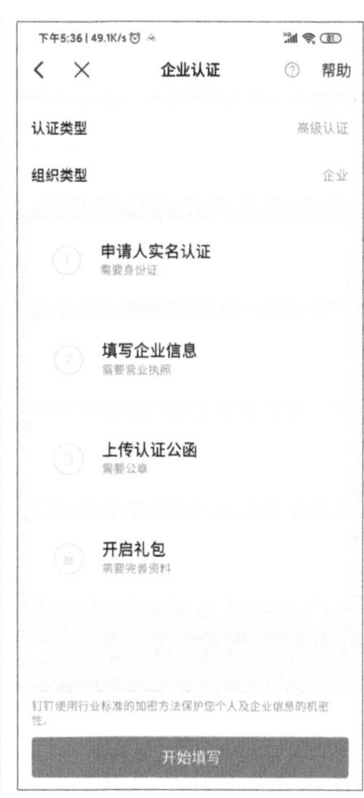

图 8-13

3 邀请成员加入

创建好团队并进行企业认证后，可以邀请成员加入企业。下面分别讲解如何在钉钉桌面端或移动端邀请成员加入企业。在钉钉桌面端单击“通讯录”按钮，在通讯录界面中，单击企业名称，在展开的下拉菜单中，单击“按组织架构选择”，进入企业成员界面，如图 8-14 所示。

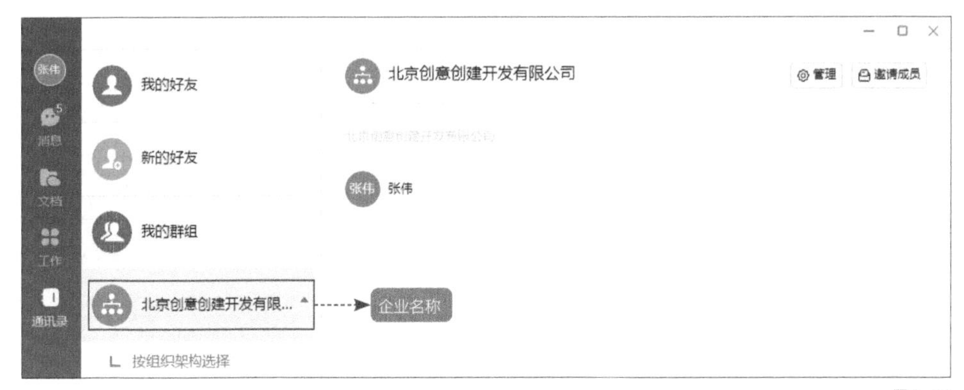

图 8-14

单击企业成员界面右上角的“邀请成员”按钮，将复制的邀请链接发送给企业成员，企业成员在收到并打开邀请链接后进入提示界面，如图 8-15 所示。

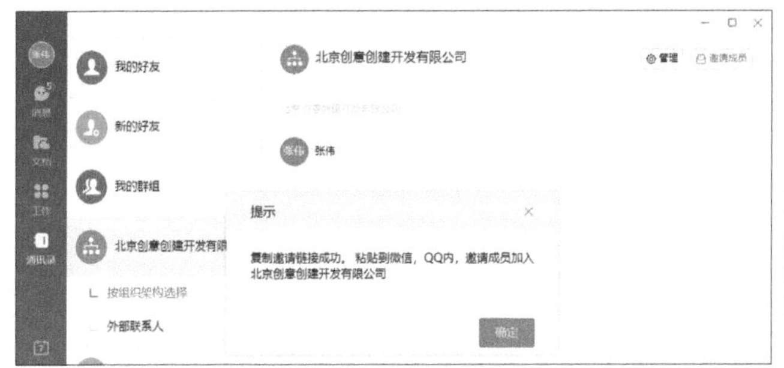

图 8-15

将提示界面中的链接复制粘贴到浏览器访问后即可进入邀请界面，在邀请界面中填写真实姓名、手机号码、验证码等信息后，单击界面的“提交申请”按钮，即可提交申请信息，如图 8-16 所示。

企业成员在提交申请后，企业管理员即可在移动端收到新成员申请信息，单击通讯录界面的“新成员申请”按钮，在新成员申请界面，单击“同意”按钮，进入添加成员界面，完善成员信息后，单击界面右上角的“完成”成员即可加入企业，如图 8-17 所示。

图 8-16

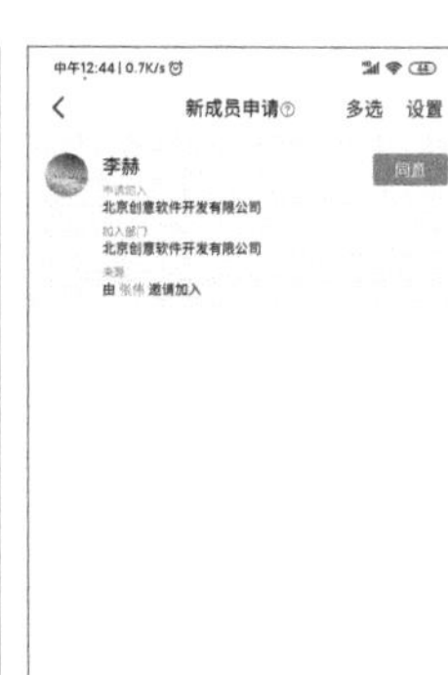

图 8-17

在钉钉移动端单击通讯录界面上方的“管理”，进入企业管理界面，单击“添加成员”，进入新成员申请界面，单击“邀请加入”按钮，进入添加成员界面，如图 8-18 所示。

图 8-18

在添加成员界面中主要有两种添加成员的方式，一种是直接添加成员，无需成员申请即可将成员加入到企业中，如通过输入手机号或手机通讯录来添加成员；另一种是邀请成员加入，成员需要填写申请信息，提交申请，管理员同意后才能加入到企业中，详细操作步骤与在桌面端邀请成员加入企业类似，这里不再进行详细讲解。

4 设置子管理员

设置子管理员可有助于更高效地管理企业运作。在钉钉桌面端需要登录管理后台才能设置子管理员。单击管理后台界面上方导航栏中的“设置”按钮，进入设置界面，在设置界面左侧的菜单栏中单击“设置子管理员”按钮，进入子管理员的界面，如图 8-19 所示。

单击子管理员界面右上角的“添加”按钮，进入添加子管理员界面设置子管理员，并设置子管理员的管理范围和管理权限后，单击添加子管理员界面底部的“保存”按钮即可添加子管理员，如图 8-20 所示。

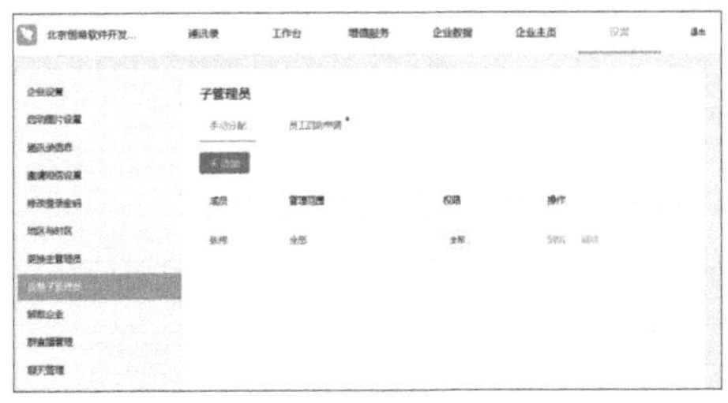

图 8-19

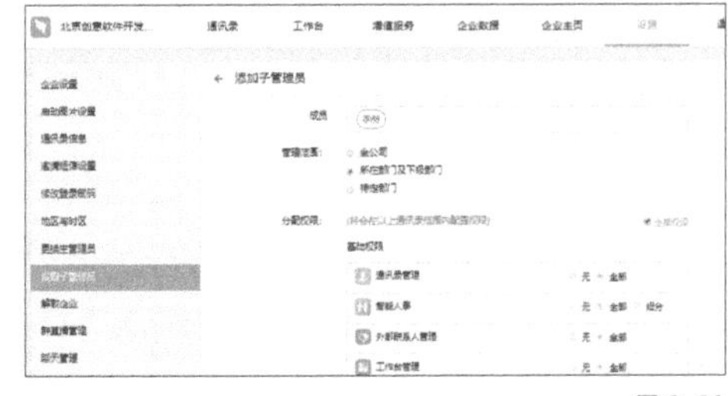

图 8-20

在钉钉移动端设置子管理员需要先进入企业管理界面，如图 8-21 所示。在企业管理界面中单击“管理员权限设置”按钮，进入管理员权限设置界面，如图 8-22 所示。单击管理权限设置界面中的“设置子管理员”进入设置子管理员界面，如图 8-23 所示。单机界面右上角的“添加”按钮，进入添加子管理员界面，在添加子管理员界面中，设置管理员、管理范围和管理权限后，单击界面右上角的“保存”按钮即可设置子管理员，如图 8-24 所示。

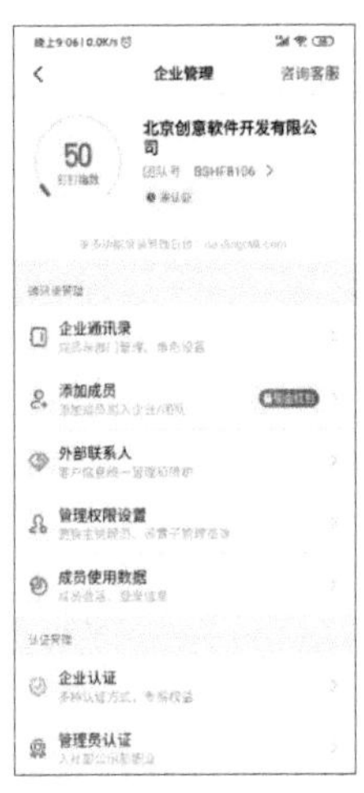

图 8-21

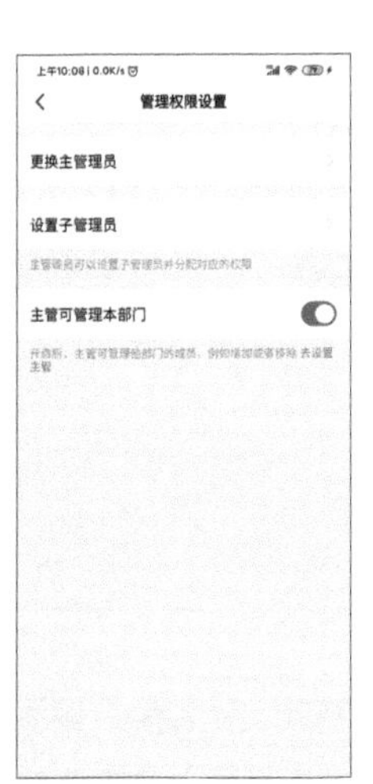

图 8-22

图 8-23

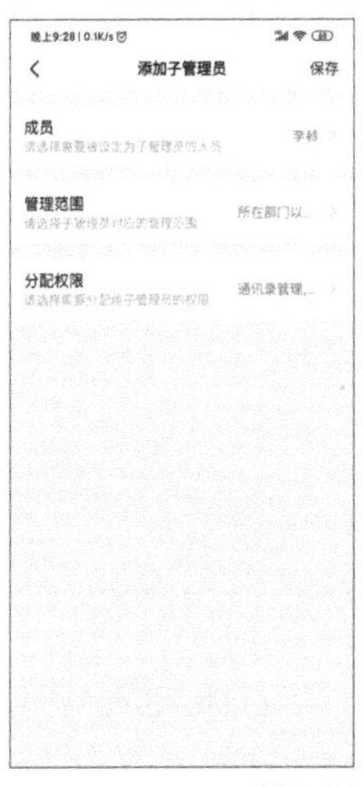

图 8-24

5 子管理员的管理权限

子管理员可以使用企业创建者设置的管理员权限，对团队的部门和成员进行管理，这些权限需要登录钉钉桌面端的管理后台才能使用。下面详细讲解子管理员创建子部门、调整成员所属部门、删除子部门、隐藏子部门和设置部门成员通讯录可见范围的操作方法。

创建子部门

单击管理后台界面的导航栏中的“通讯录”按钮，界面会自动跳转到通讯录界面，单击通讯录界面的“添加子部门”按钮，在弹出的添加部门窗口中，设置部门名称以及所属的上级部门后，单击添加部门窗口下方的“保存”按钮即可创建子部门，如图 8-25 所示。

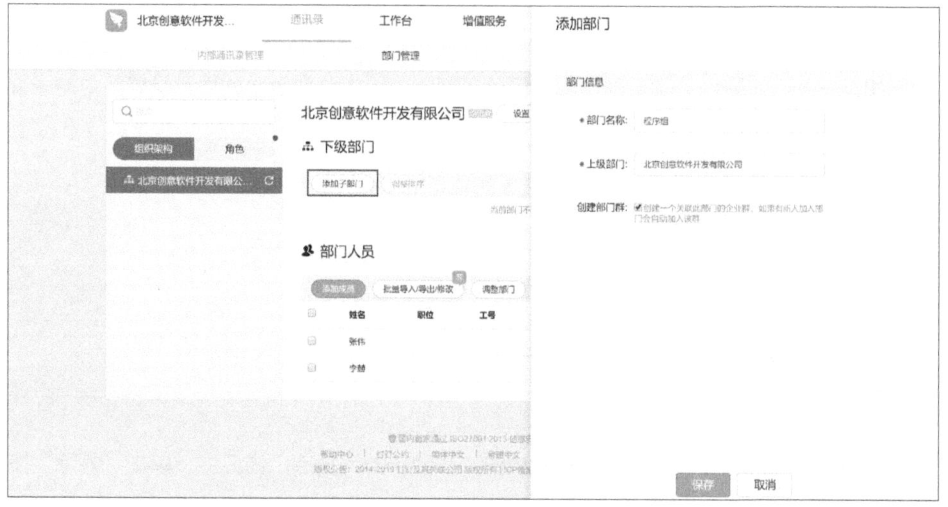

图 8-25

调整成员所属部门

子管理员创建子部门后，可以调整成员的所属部门。在通讯录界面中选择需要调整所属部门的成员，然后单击“调整部门”按钮，在弹出的“选择部门”对话框中，选择成员新的所属部门，单击“确定”按钮，即可将成员调整到所选部门，如图 8-26 所示。

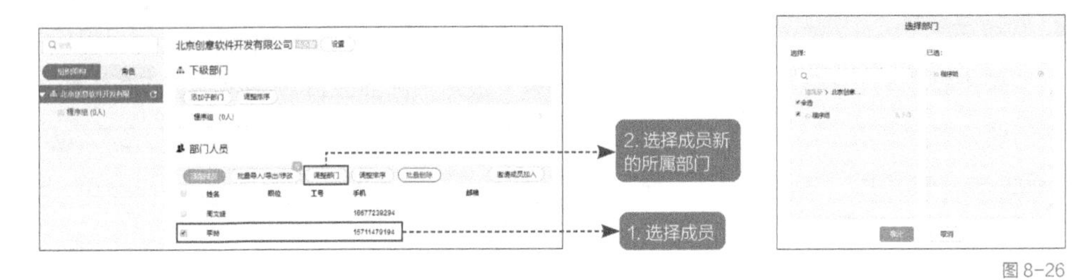

图 8-26

删除子部门

如果子部门被取消，子管理员可以删除子部门。单击管理后台的通讯录界面中的子部门，进入子部门界面，如图 8-27 所示。

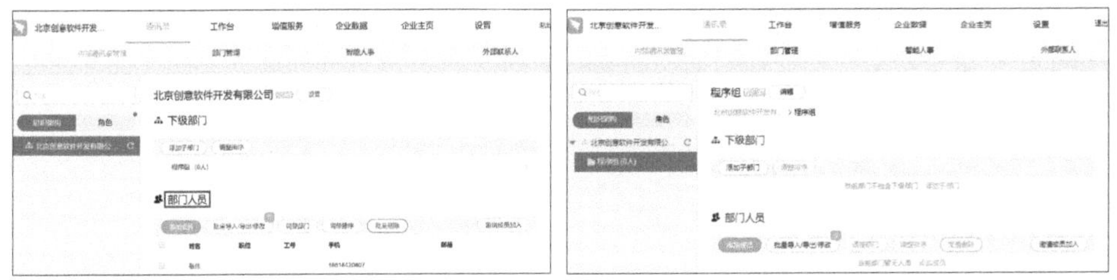

图 8-27

单击子部门界面左上角的“编辑”按钮，在弹出的编辑部门窗口中，单击“删除”按钮即可删除子部门，如图 8-28 所示。

隐藏子部门

如果不想让其他人看到子部门可以将子部门进行隐藏，该部门将不会显示在公司通讯录中。单击子部门界面左上角的“编辑”按钮，在弹出的编辑部门窗口中，单击打开“隐藏本部门”，选择将子部门向所有人和部门隐藏或允许指定部门 / 人可见，单击“保存”按钮，即可隐藏子部门，如图 8-29 所示。

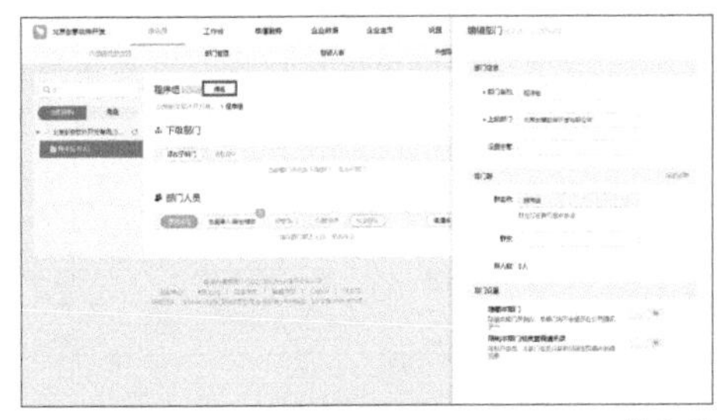

图 8-28

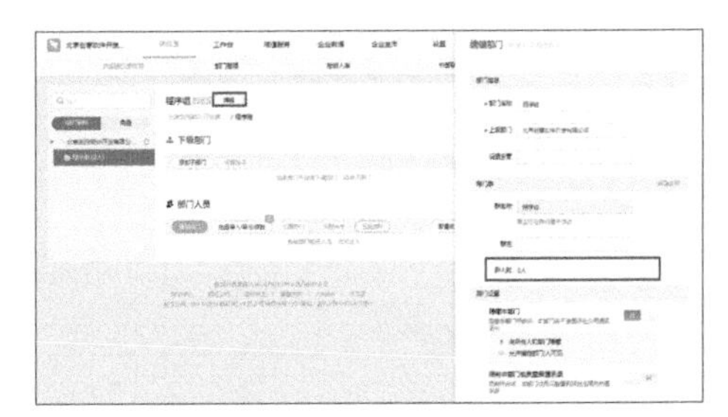

图 8-29

部门成员的通讯录可见范围

为了保护部门成员的隐私，可以设置部门成员的通讯录可见范围。单击子部门界面左上角的“编辑”按钮，在弹出的编辑部门窗口中，单击打开“限制本部门成员查看通讯录”，根据情况选择本部门成员查看通讯录的范围，单击“保存”按钮，即可限制部门成员查看通讯录，如图 8-30 所示。

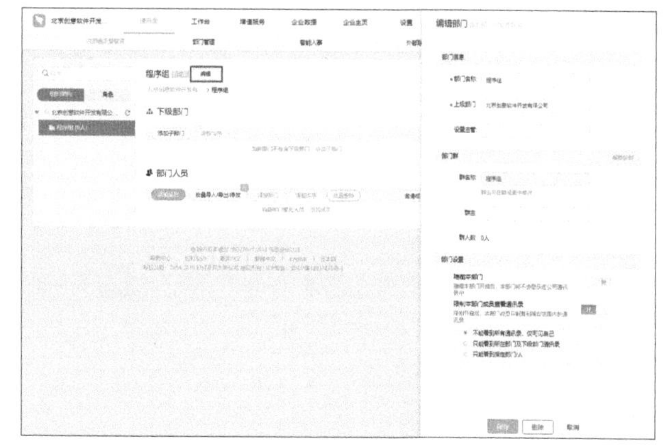

图 8-30

6 事件审批

日常工作中经常需要申请请假、外出、出差、加班等，这些申请均可在钉钉实现，这里以在钉钉中申请请假为例进行详细讲解。在钉钉桌面端，单击“工作”按钮，进入工作台界面，如图 8-31 所示。单击工作台界面的“审批”按钮，进入审批界面，单击审批界面中的“请假”按钮，如图 8-32 所示。

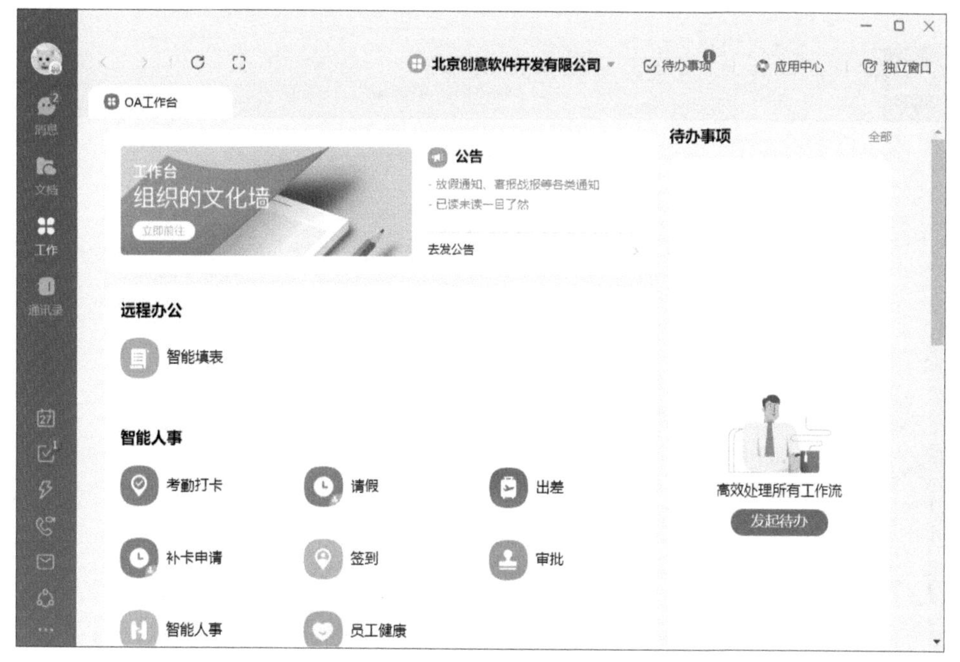

图 8-31

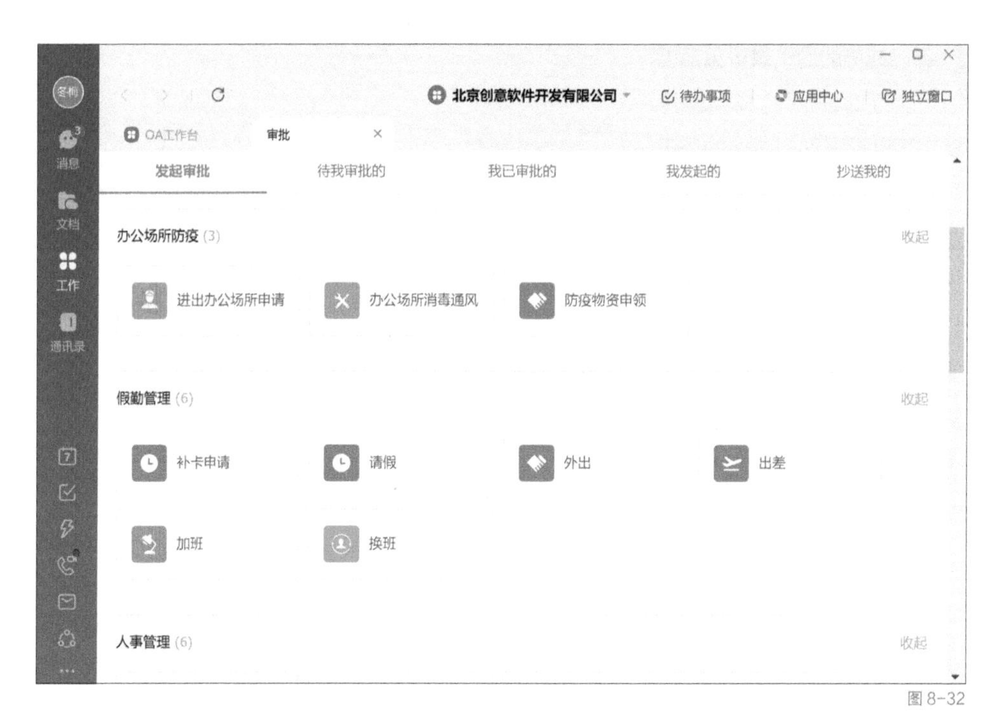

图 8-32

在请假界面填写请假类型、开始时间、结束时间以及请假理由后，单击审批人后的“+”按钮，如图 8-33 所示。

图 8-33

在“选人”对话框中选择审批人后，单击“确定”按钮，确定审批人后单击请假界面底部的“提交”按钮，即可将申请信息发送给审批人，审批人可在消息中收到申请人的请假申请，如图 8-34 所示。

图 8-34

单击钉钉界面左侧的☑，进入待办界面，单击待办界面的“工作应用待办”，进入审批界面，审批人根据实际情况单击底部的“同意”或“拒绝”按钮即可完成审批，如图 8-35 所示。

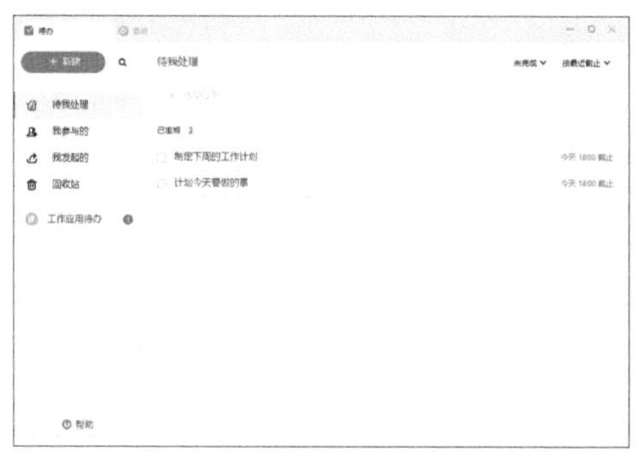

图 8-35

钉钉移动端请假的方法为单击“工作台”按钮，在工作台界面中单击“审批”按钮，进入审批界面，在审批界面中单击“请假”按钮，进入请假界面选择请假类型，如图 8-36 所示。

选择请假类型后填写请假申请的详细信息，单击请假界面底部审批人后的“+”按钮即可选择审批人，如图 8-37 所示。

图 8-36

图 8-37

在选择审批人后，单击请假界面底部的“提交”按钮，即可将申请信息发送给审批人。审批人在收到的申请信息后，单击审批界面右上角的“我审批的”按钮，进入我审批的界面，在我审批的界面能看到成员提交的申请信息，如图 8-38 所示。

单击请假的申请信息，进入请假界面，审批人根据实际情况单击请假界面底部的“同意”或“拒绝”按钮完成审批，如图 8-39 所示。

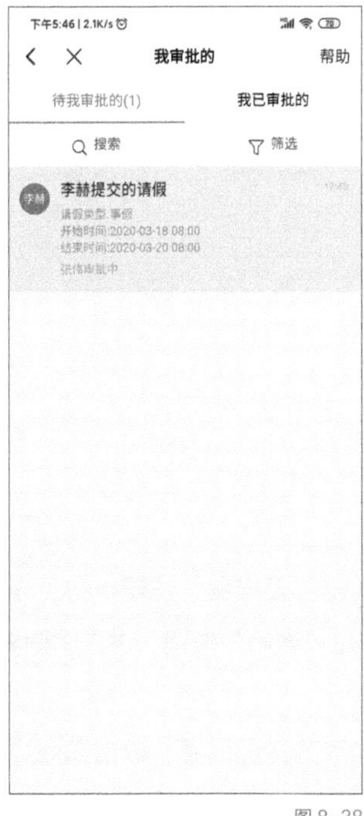

图 8-38

图 8-39

8.1.3 实名认证

钉钉的直播功能需要进行实名认证后才能使用。在钉钉的移动端单击消息界面左上角的用户头像后，在弹出的窗口中再单击一次右上角的用户头像，如图 8-40 所示。

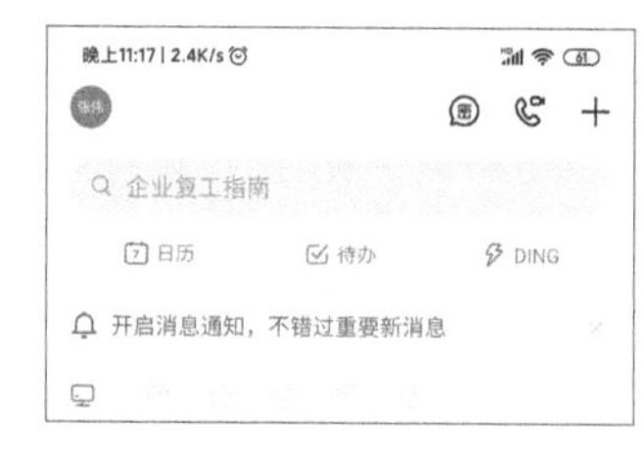

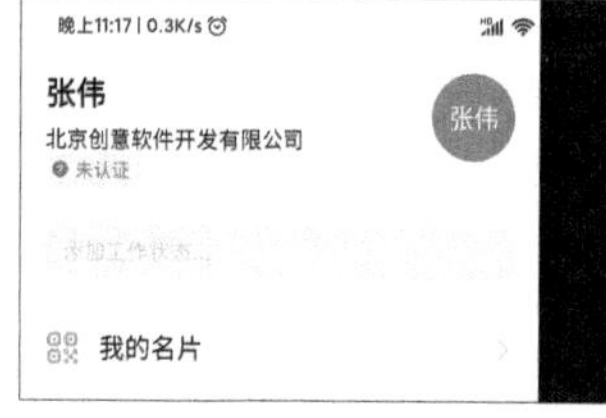

图 8-40

单击窗口右上角的用户头像后，进入我的信息界面，在我的信息界面中单击“个人实人认证”，进入选择实人认证方式界面，在选择实人认证方式界面中，选择一种认证方式进行认证，如图 8-41 所示。

实名认证后，界面会自动更新为已认证，如图 8-42 所示。

图 8-41

图 8-42

8.1.4 直播和会议

利用钉钉的直播和会议的功能，可以更高效地进行线上的沟通与协作。

1 直播

在钉钉桌面端界面中单击，在弹出的“直播”对话框中输入直播的主题并设置直播模式等属性后，单击界面底部的“创建直播”按钮即可进行直播，如图 8-43 所示。

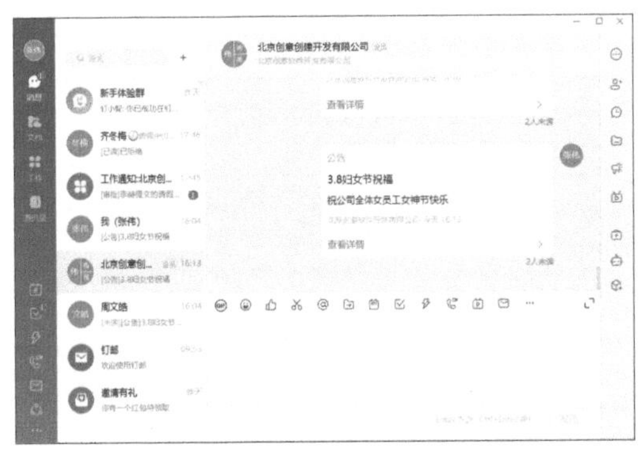
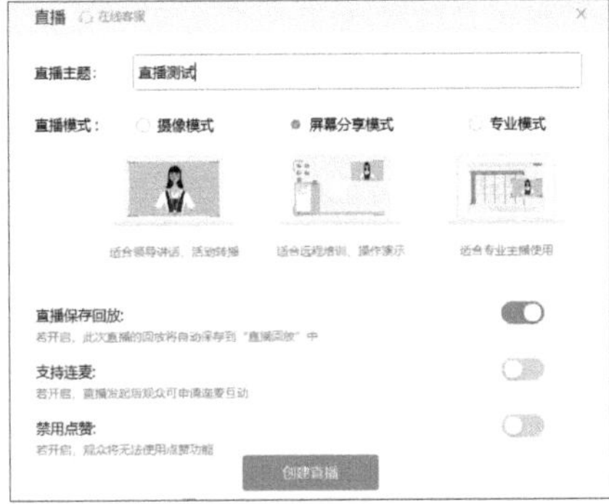

图 8-43

在钉钉移动端企业群聊界面中单击界面右下角的“群直播”按钮，界面会自动跳转到直播回放界面，如图 8-44 所示。

在直播回放界面中，单击右上角的“发起直播”按钮，界面会自动跳转到直播界面，在直播界面设置直播的主题后，单击界面底部的“开始直播”按钮即可进行直播，如图 8-45 所示。

图 8-44

图 8-45

2 会议

钉钉桌面端发起会议的方法为单击企业群聊界面底部的📞，进入视频会议界面，单击视频会议界面的“开始会议”按钮，如图 8-46 所示。

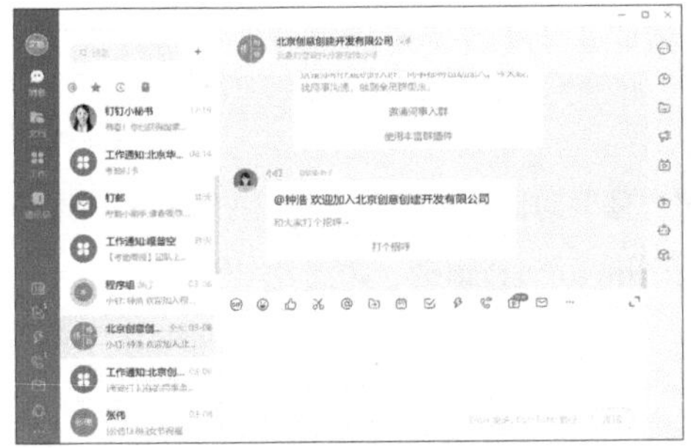

图 8-46

钉钉移动端发起会议的方法为，单击企业群聊界面底部的“视频会议”按钮，进入视频会议界面，单击视频会议界面的“开始会议”按钮，如图 8-47 所示。

提示

钉钉桌面端支持会议发起者对会议过程进行录屏，会后可以将录制的视频发送至群中，方便没有参加会议的成员观看。发起会议后单击会议界面的“录制”按钮即可开始录制会议，如图 8-48 所示。

图 8-47

图 8-48

8.1.5 日常考勤

使用钉钉的日常考勤打卡功能，能清楚地了解团队成员每天的出勤情况。考勤打卡功能仅在钉钉移动端可以使用。在工作台界面中单击“考勤打卡”按钮，进入打卡的界面，在打卡界面中单击“上班打卡”按钮即可进行上班打卡，打卡按钮变为“下班打卡”，再次单击即可完成当天考勤打卡，如图 8-49 所示。

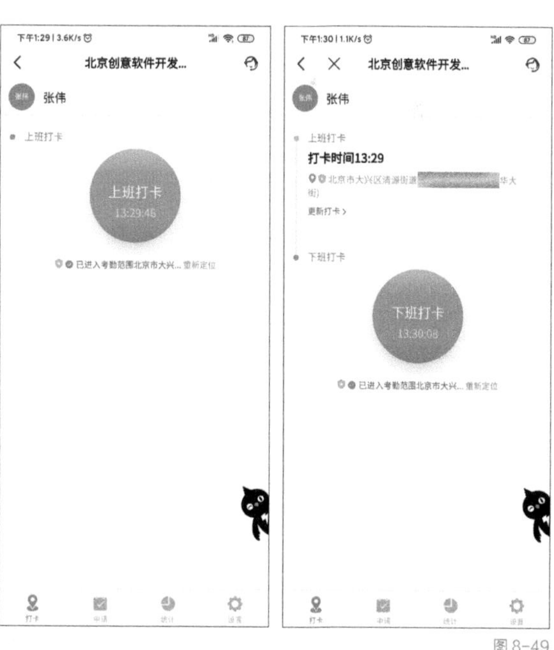

图 8-49

8.1.6 创建日程

在钉钉中创建日程可以记录每天的工作任务，避免因为工作繁忙而遗忘重要的任务。在钉钉桌面端单击界面左侧的，弹出“日程”对话框，单击“新建”按钮，在新建日程界面中添加日程、时间、地点、接收人等，单击“完成”按钮，即可创建日程，用户可根据情况添加多个日程，安排每日工作任务如图 8-50 所示。

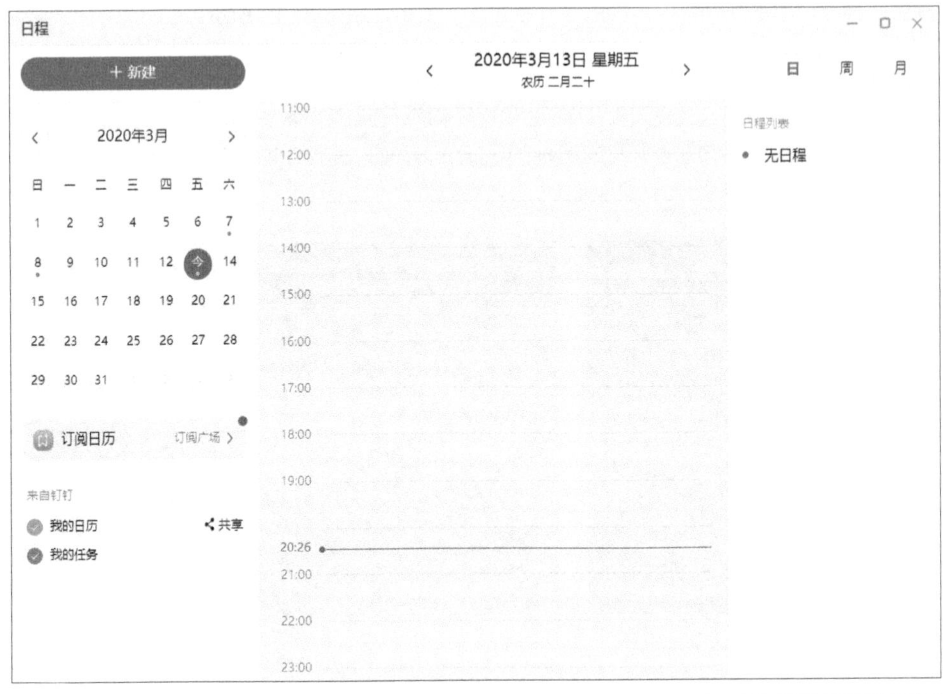

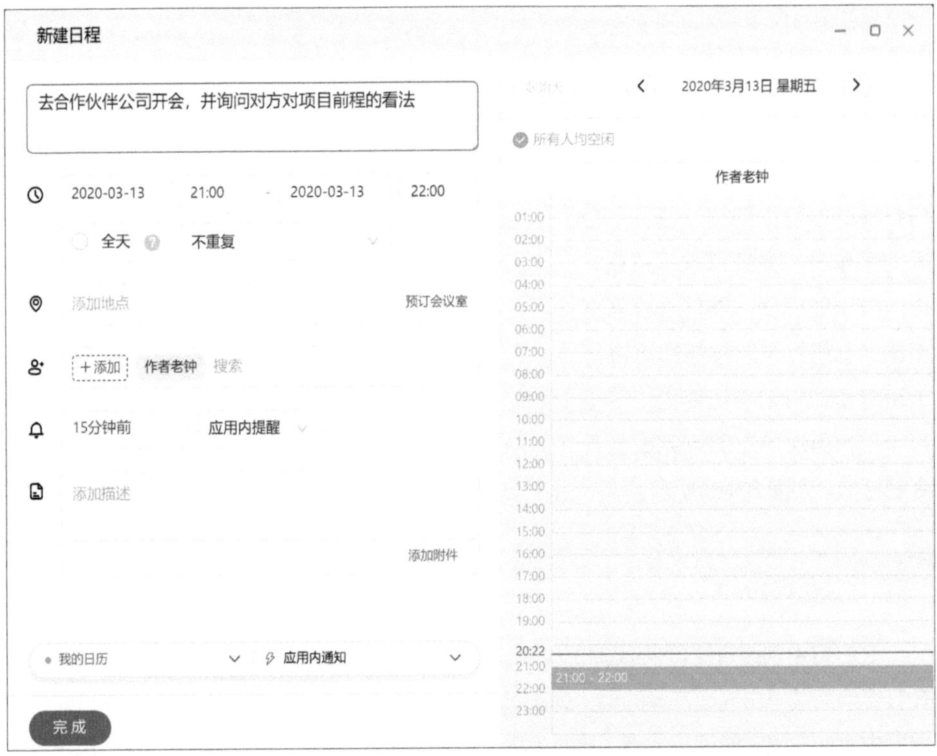

图 8-50

在钉钉移动端单击消息界面的“日历”按钮，进入日历界面，单击日历界面的“＋”按钮，在新建日程界面中添加日程的相关信息后，单击“完成”按钮即可创建日程，如图 8-51 所示。

图 8-51

8.1.7 智能人事

钉钉具有功能齐全的智能人事平台，帮助企业从烦琐的人事工作中解放出来，通过智能人事可以提醒员工完善档案，为员工办理入职以及将员工进行转正。

1 提醒员工完善档案

新员工入职可能会出现档案信息不完善的情况，这时可以使用钉钉移动端的提醒员工完善档案的功能，提醒新员工完善档案信息。在工作台界面中单击“智能人事”按钮，进入智能人事界面，如图 8-52 所示。

在智能人事界面中单击“2名员工档案的必填内容不全”，进入新建 DING 界面，在新建 DING 界面中编辑提醒信息，选择接收人和提醒方式后，单击界面右上角的“发送”按钮，即可将提醒信息发送给档案信息不完善的员工，如图 8-53 所示。

图 8-52

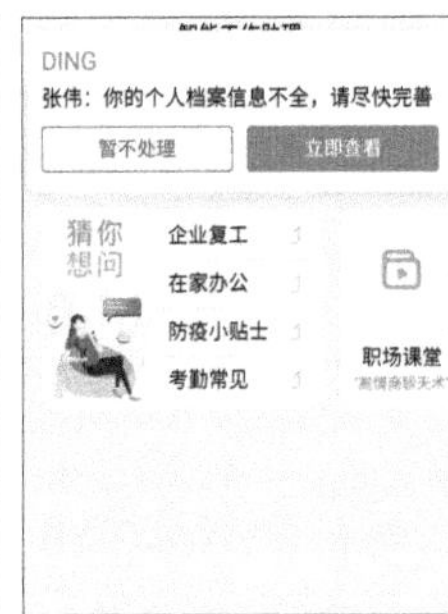

图 8-53

2 办理入职

在钉钉桌面端可以线上为员工办理入职在工作台界面中单击“智能人事”按钮，在智能人事界面中单击“进入智能人事管理后台”按钮进入智能人事管理后台，如图 8-54 所示。

图 8-54

单击管理后台界面的“入职管理”按钮，进入入职管理界面，单击入职管理界面右上角的“办理入职”按钮，将弹出窗口中的二维码发送给企业成员，如图 8-55 所示。

企业成员在使用钉钉移动端扫描二维码后，界面会自动跳转到入职登记表界面，企业成员在入职登记表中完善个人信息后，单击界面底部的“提交”按钮，即可将申请信息发送给企业管理员，如图 8-56 所示。

图 8-55

图 8-56

企业管理员在收到了入职申请后，单击入职管理界面中的“确认到岗”按钮，并在弹出的确认到岗窗口中编辑员工的档案信息，单击“确认到岗”按钮即可为员工办理入职，如图 8-57 所示。

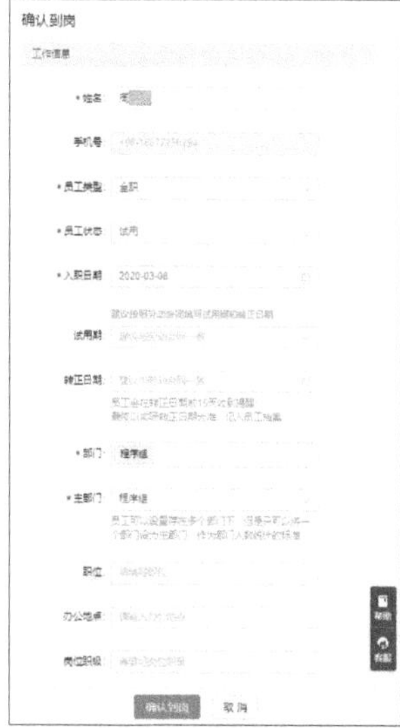

图 8-57

在钉钉移动端单击工作台界面中的“智能人事”按钮，进入智能人事界面，单击智能人事界面的“办理入职”按钮，进入办理入职界面，如图 8-58 所示。

单击办理入职界面左上角的“扫描入职”按钮，将二维码发送给企业成员，企业成员在使用钉钉移动端扫描二维码后，进入入职登记表界面，在入职登记表中填写个人信息后，单击界面底部的“提交”按钮，即可提交入职申请信息，如图 8-59 所示。

图 8-58

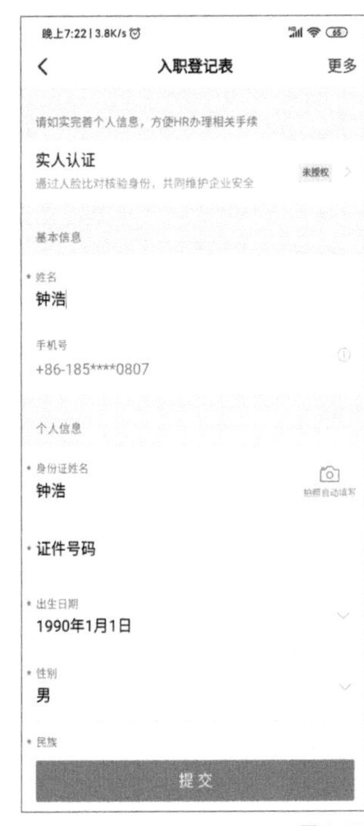

图 8-59

企业管理员在办理入职界面能看到企业成员的入职申请信息，单击入职申请信息后，进入待入职员工界面，单击“确认到岗”按钮即可成功办理入职，如图 8-60 所示。

3 员工转正

员工在公司入职一段时间后，可以通过钉钉在线上办理转正。在工作台界面单击“智能人事”按钮，进入管理后台界面，如图 8-61 所示。

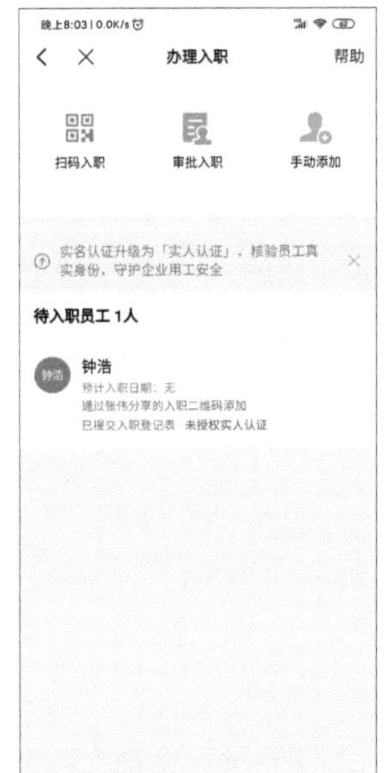

图 8-60

图 8-61

单击管理后台界面的“转正管理”按钮，进入转正管理界面，单击转正管理界面的“办理转正”按钮在弹出的“办理转正”对话框中选择实际转正日期，单击“确认转正”按钮即可为员工办理转正，如图 8-62 所示。

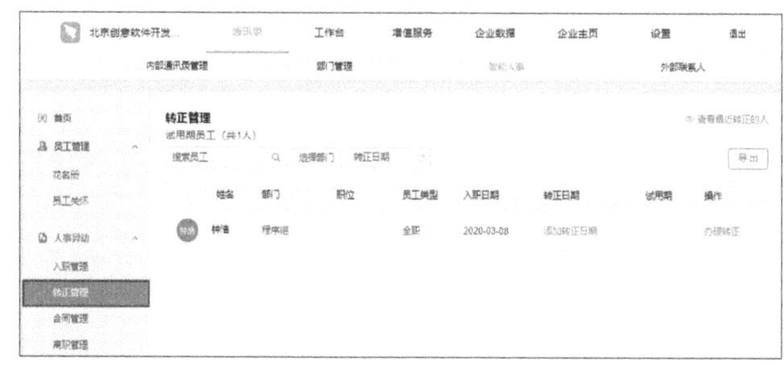

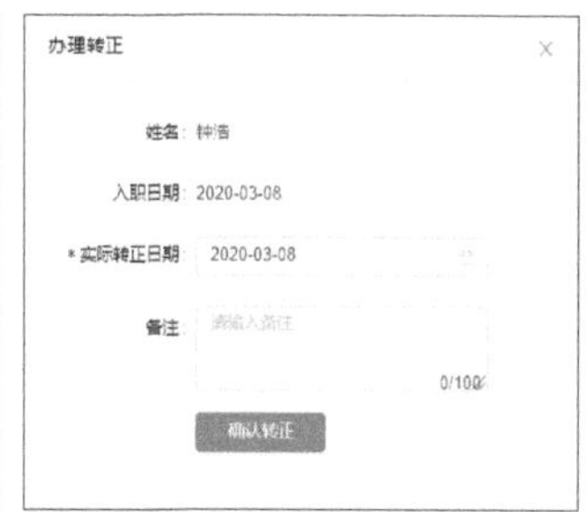

图 8-62

8.1.8 智能办公应用

钉钉的智能办公应用提供了在线文档、日志、公告、云空间等功能，帮助团队进行人员管理和资源管理，从而提高团队整体的工作效率。

1 在线文档

在钉钉中可以将文档上传到云端，与团队成员进行线上协作，查看协作记录，或直接在钉钉创建在线文档，方便文档版本管理的同时也为电脑释放了存储空间。因为钉钉的在线文档与金山文档存在合作，其使用方法与金山文档类似，所以钉钉在线文档协作编辑和查看历史的详细使用方法可以参见第 4.2 节，这里只详细讲解在钉钉中创建文档和在线编辑的使用方法。

创建文档

在钉钉桌面端单击界面左侧的“文档”按钮，默认进入我的工作空间界面，单击 “新建”按钮，在弹出的下拉菜单中可以根据需求选择创建不同格式的文档，如图 8-63 所示。

在钉钉移动端单击钉钉界面底部的“文档”按钮，进入钉盘与文档界面，在钉盘与文档界面中单击“+”按钮，在弹出的新建窗口中可以根据需求选择创建不同格式的文档，如图 8-64 所示。

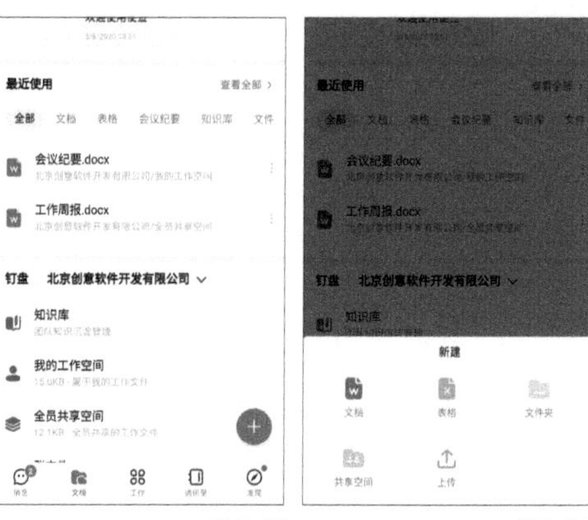

图 8-63

图 8-64

提示

钉钉在线文档里的文档、表格和幻灯片均提供多种模板，如文档提供的会议纪要、工作周报、工作清单、头脑风暴等模板，用户在创建文档时，可以根据自己的需求进行选择，如图8-65所示。

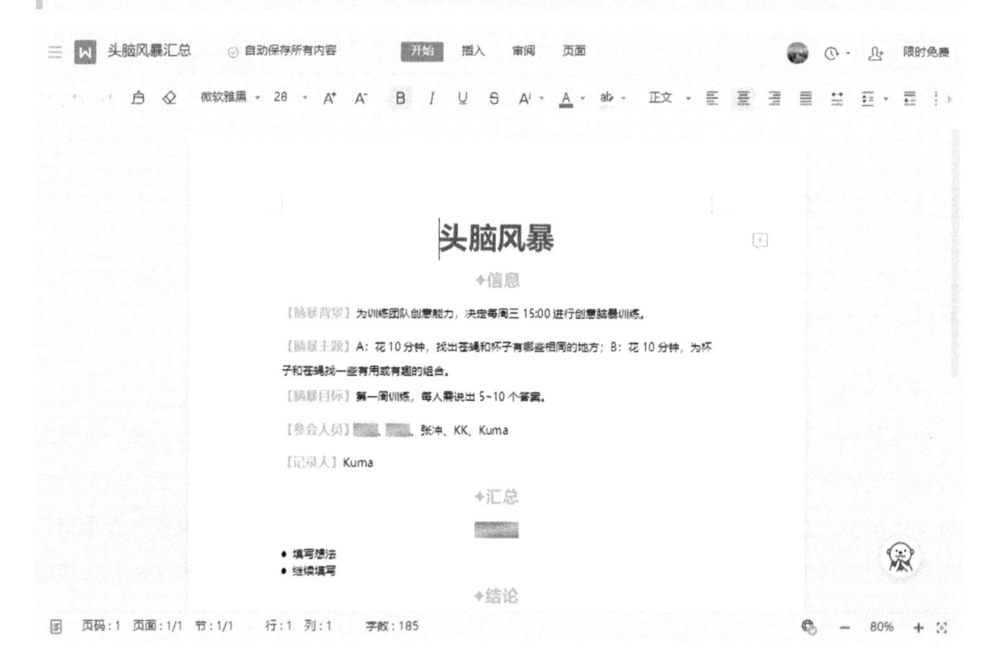

图 8-65

▌在线编辑

在钉钉创建或上传文档后，可以对文档进行在线编辑。在钉钉桌面端我的工作空间界面中单击文档右侧的“…”按钮，在弹出的菜单栏中，单击“在线编辑”按钮，即可对文档进行在线编辑，如图 8-66 所示。

在钉钉移动端单击文档界面右上角的“在线编辑”按钮，即可对文档进行在线编辑，如图 8-67 所示。

图 8-66

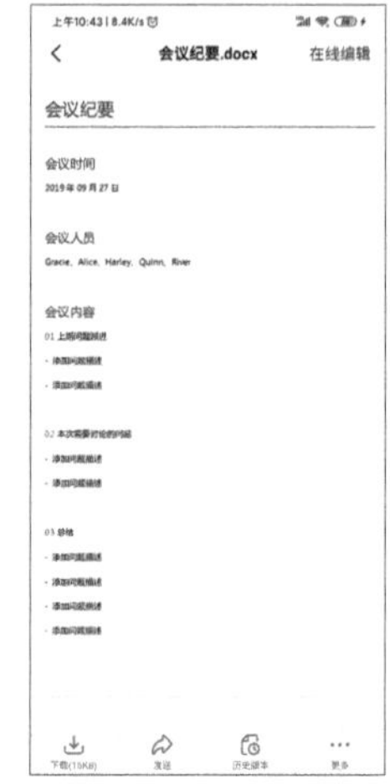

图 8-67

2 日志

钉钉的日志功能可以帮助团队成员有效地进行总结，并从过往的工作中汲取经验教训。

写日志

在钉钉中可以把每天的工作成果写进日志中，量化工作的进度。在钉钉桌面端单击工作台界面中的“日志”按钮，进入日志界面，单击界面右上角的“写日志”按钮即可开始写日志，写好日志后可选择日志接收人和接收群，单击底部的“提交”按钮即可提交日志，如图 8-68 所示。

图 8-68

在钉钉移动端单击工作台界面底部的“日志”按钮，进入写日志界面，在写日志界面选择一款用来写日志的模板后，即可开始写日志，日志写好后单击底部的“提交日志”按钮即可提交日志，如图 8-69 所示。

图 8-69

看日志

写好的日志提交后还可以进行查看。在钉钉桌面端单击日志界面上方的“看日志”按钮，即可查看写好的日志，如图 8-70 所示。

在钉钉移动端单击写日志界面底部的“看日志”按钮，即可查看写好的日志，如图 8-71 所示。

图 8-70

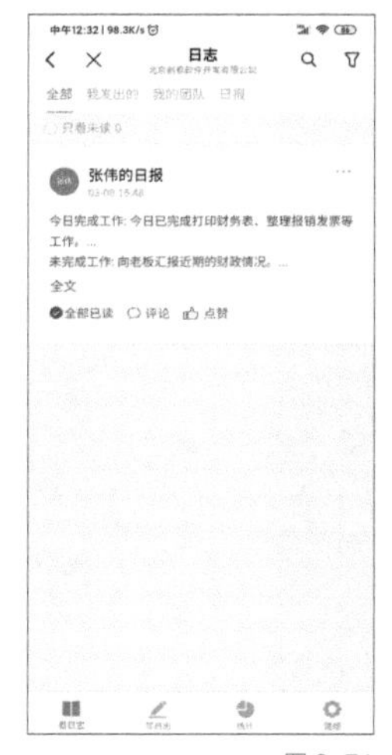

图 8-71

3 公告

当有重要的事情需要通知团队所有成员时，可以使用钉钉的公告功能。在钉钉桌面端单击工作台界面中的“公告”按钮，进入公告界面，单击界面右上角的“发公告”按钮后进入发公告界面，如图 8-72 所示。

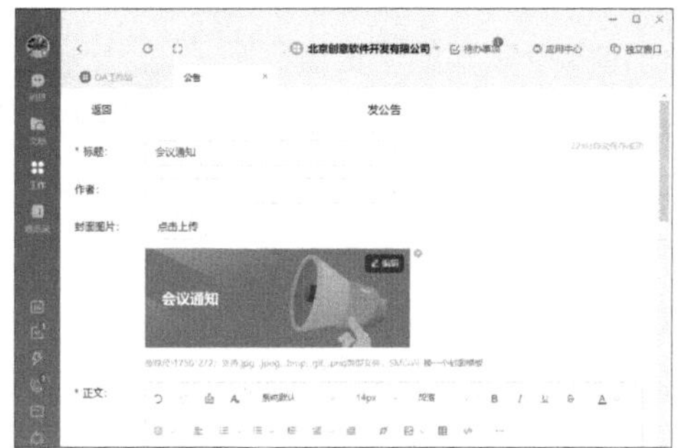

图 8-72

在发公告界面填写公告的标题、正文等内容后，在人 / 部门后选择接收公告的成员或部门，单击“发送”按钮即可发布公告，如图 8-73 所示。

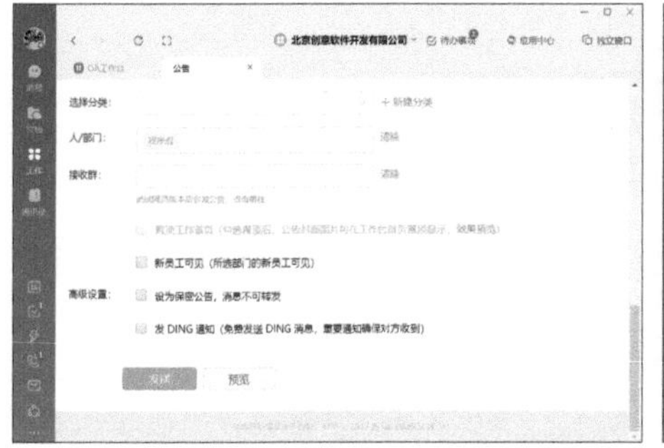

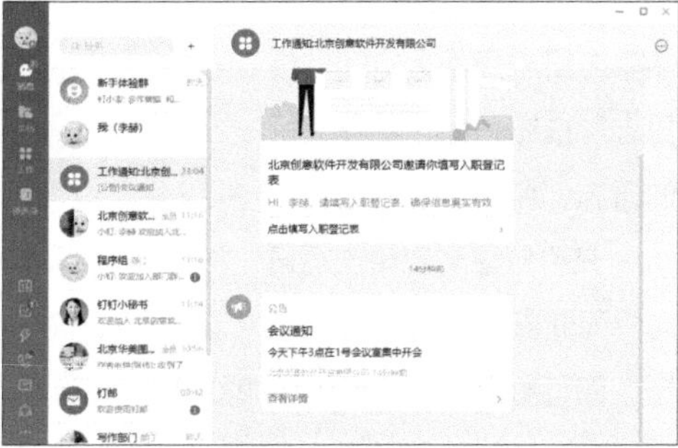

图 8-73

在钉钉移动端单击工作台界面上的“公告”按钮进入公告界面，单击界面右上角的“发公告”按钮，在发公告界面中即可开始编写公告，如图 8-74 所示。

在填写公告的标题和内容后，单击界面右上角的“下一步”按钮，选择公告的接收人或接收部门，还可以根据情况设置接收群等，单击界面右上角的“发布”按钮，即可发布公告，如图 8-75 所示。

图 8-74

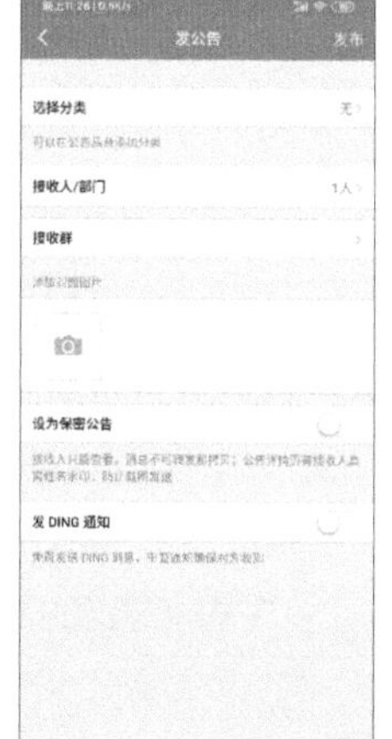

图 8-75

4 云空间

本地文件可以上传到钉钉的云空间中进行备份，可同时为电脑和手机节约更多的存储空间。在桌面端单击控制台界面上的“钉盘”按钮，单击“我的工作空间”进入我的工作空间界面，单击界面右上角的“新建”按钮，在弹出的菜单栏中，即可将电脑的文件上传到钉盘中，如图 8-76 所示。如果是管理员账户还可选择“全员共享空间”将文件上传到全员共享空间里。

在钉钉移动端单击工作台界面上的“钉盘”按钮进入钉盘与文档界面，单击界面右下角的“+”按钮，在弹出的菜单栏中选择“上传”即可将文件上传到钉盘中，如图 8-77 所示。

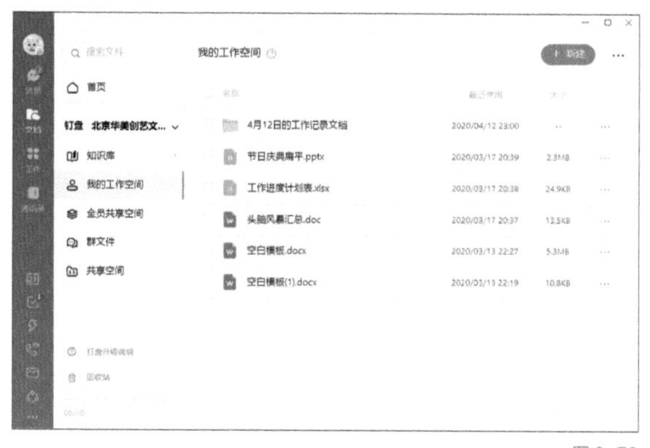

图 8-76

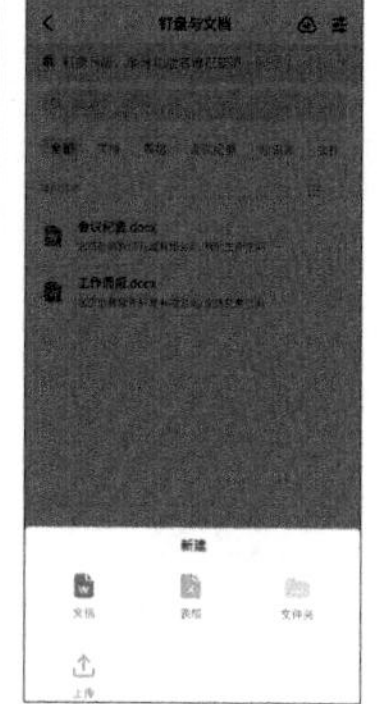

图 8-77

8.2 飞书

飞书是一款能让企业成员在线上进行高效协作的软件，通过开放兼容的平台，让团队成员实现高效的沟通和流畅的协作，全方位提升企业效率。本节将从零开始讲解飞书，包括注册、登录、聊天信息管理、安排日程等功能，以及应用场景。

8.2.1 下载、注册和登录

飞书可以实现多端同步，包括桌面端、Web 端和移动端。通过飞书官网首页导航栏的“下载”按钮进入下载界面，再根据需求选择对应链接进行下载，如图 8-78 所示。

图 8-78

1 桌面端

飞书 PC 和 Mac 的桌面端可以在官网进行下载，安装完成后的界面如图 8-79 所示。

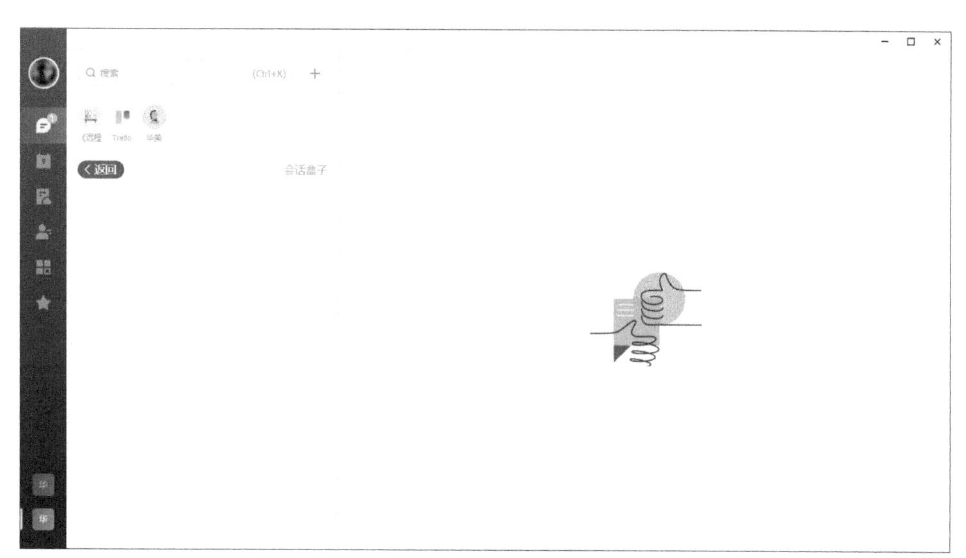

图 8-79

2 Web 端

如果不想下载飞书桌面端或者只是临时在电脑上使用，可以通过网页进行登录，飞书 Web 端的界面与桌面端一样。

3 移动端

在 iOS 和 Android 对应的应用商店可以下载飞书的移动端 APP，移动端界面如图 8-80 所示。

图 8-80

4 注册和登录

用户可以在飞书官网或下载的飞书客户端上进行注册和登录。

8.2.2 团队管理

利用飞书的团队管理功能可以高效管理团队的各项事务。

1 创建团队

在桌面端用户注册成为飞书用户后，界面自动跳转到欢迎界面，选择“我是团队负责人”，进入创建团队界面，如图 8-81 所示。在创建团队界面输入团队名称，单击界面的“进入飞书”按钮即可创建团队。

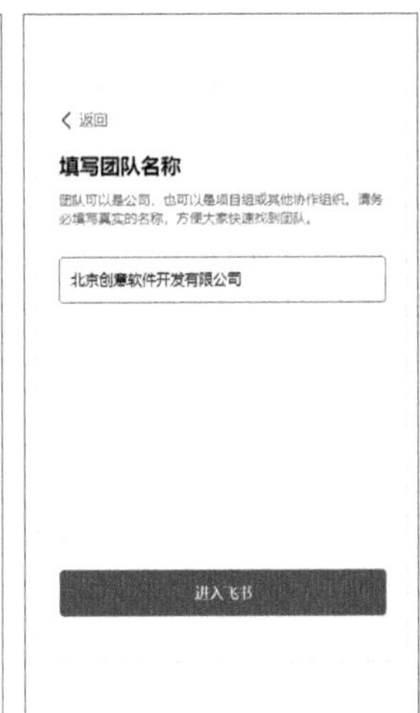

图 8-81

在飞书移动端注册成功账户后界面自动跳转到欢迎界面，选择“我是团队负责人”，进入创建团队界面，输入团队名称，并单击界面的“进入飞书”按钮即可创建团队，如图 8-82 所示。

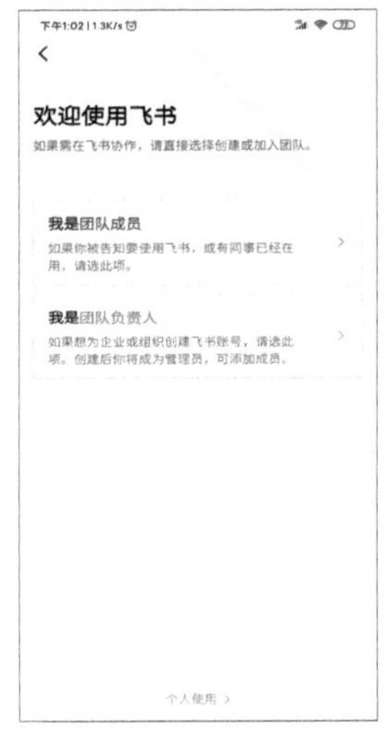

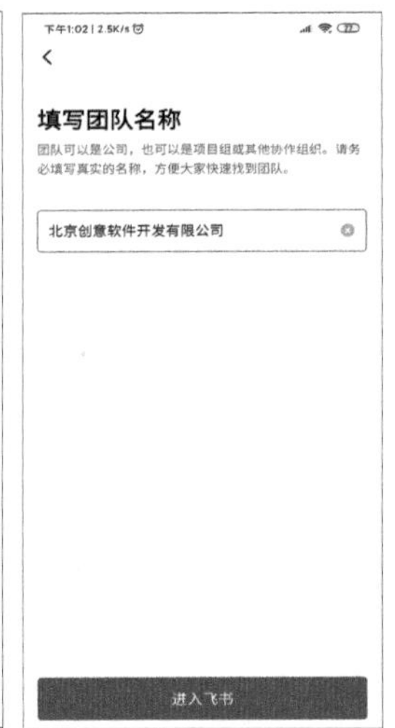

图 8-82

2 邀请成员

在飞书中创建好团队后即可邀请成员加入团队，在飞书桌面端单击界面左侧的，进入新的联系人界面，如图 8-83 所示。

图 8-83

单击新的联系人界面右下角的“邀请”按钮，进入邀请界面，单击邀请界面的“添加成员”按钮，在弹出的添加团队成员界面上输入成员的手机号以及姓名后，单击“添加成员”按钮即可添加成员，如图 8-84 所示。

图 8-84

在飞书移动端单击飞书界面右上角的“+”按钮，在弹出的下拉菜单中，单击“邀请”按钮，进入邀请界面，如图 8-85 所示。

单击邀请界面的“添加成员”按钮，进入添加团队成员界面，在界面输入或从通讯录导入团队成员手机号和姓名，单击“添加成员”即可邀请成员加入团队，如图 8-86 所示。

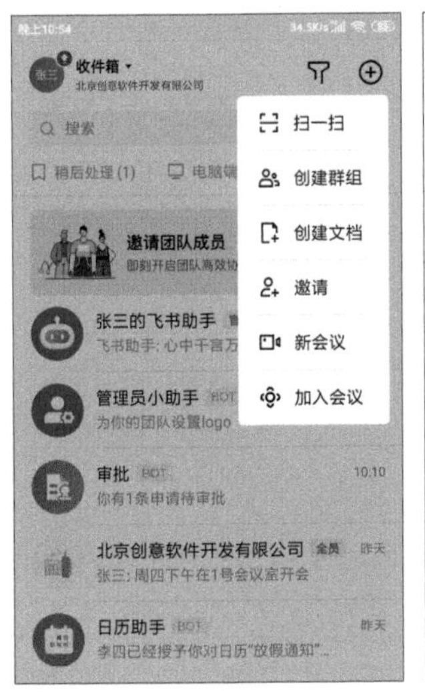

图 8-85

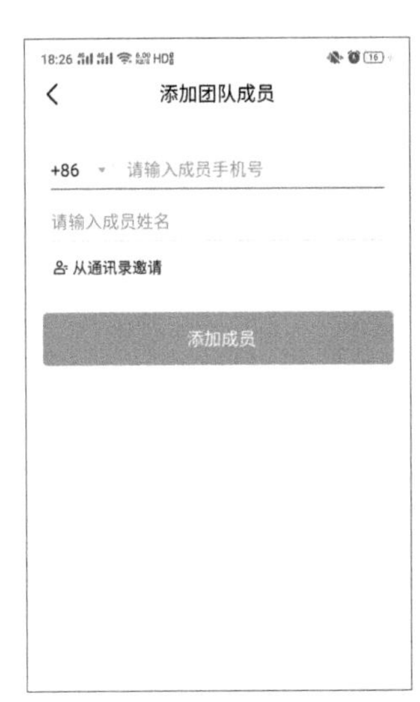

图 8-86

3 事件审批

日常工作中经常需要申请请假、外出、出差、加班等事件，可以在飞书中线上进行申请，这里以在飞书申请请假为例。在飞书桌面端单击界面左侧的田，进入工作台界面，如图 8-87 所示。

图 8-87

在工作台界面中单击“审批”按钮进入审批界面，单击审批界面中的“发起申请”按钮后，界面如图 8-88 所示。

图 8-88

单击界面中的“请假”按钮进入请假界面，在请假界面填写请假类型、开始时间、结束时间以及请假理由后，单击审批人下方的“+”按钮，在弹出的对话框中选择审批人后，单击请假界面底部的“提交”按钮，即可提交请假申请。审批人可以在飞书的消息界面中看到申请人提交的申请信息，并根据情况单击“同意”或“拒绝”按钮进行审批，如图 8-89 所示。

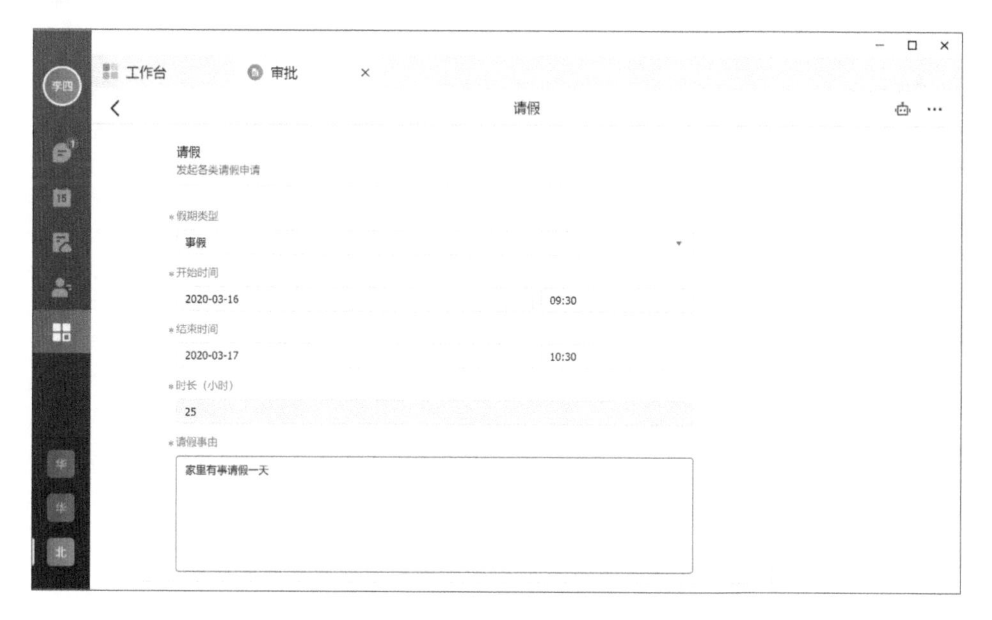

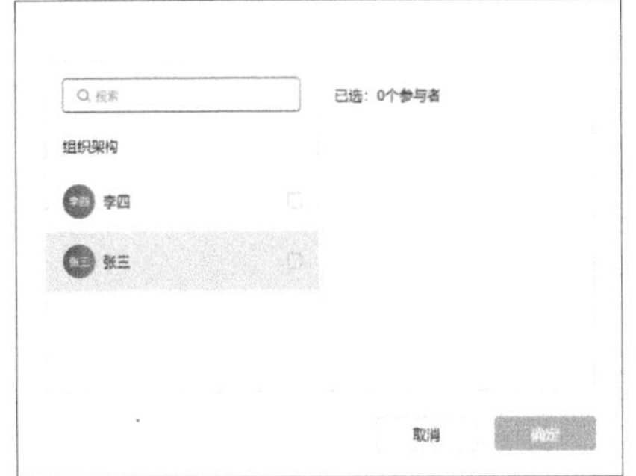

图 8-89

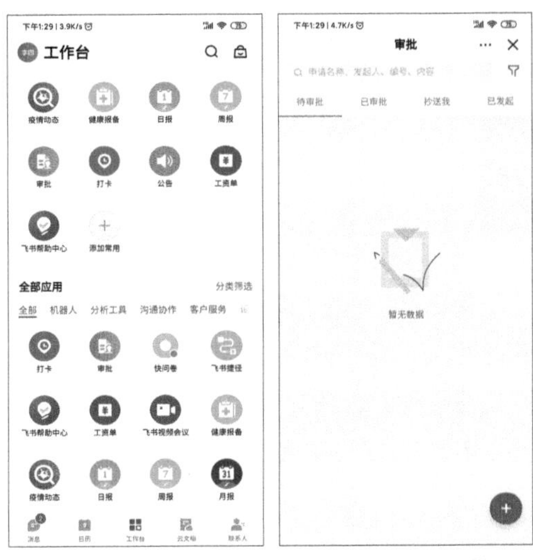

图 8-90

在飞书移动端单击界面底部的“工作台”按钮，进入工作台界面，在工作台界面中单击“审批”按钮，进入审批界面，如图 8-90 所示。

在审批界面中单击“+”按钮，选择“请假”，进入请假界面，在界面上填写请假的申请信息后，单击审批人下的“+”按钮，进入组织架构界面，在组织架构界面中根据情况选择审批人，如图 8-91 所示。

在选择审批人后，单击请假界面底部的“提交”按钮，即可将申请信息发送给审批人，审批人根据情况在审批信息上单击“拒绝”或“同意”按钮进行审批，如图 8-92 所示。

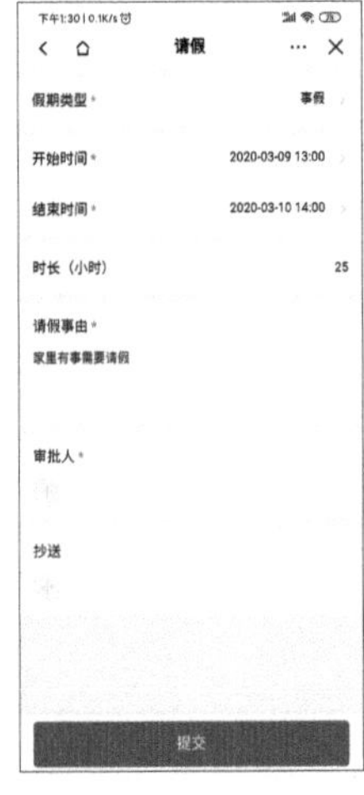

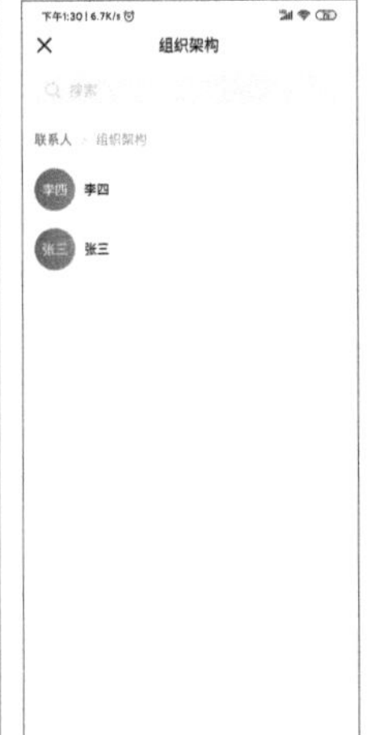

图 8-91

图 8-92

8.2.3 发起会议

飞书支持线上视频会议，在视频会议上，会议成员可以进行高效沟通。在飞书桌面端，单击企业群聊界面右上角的▭◂，在弹出的对话框中设置好进入会议时是否开麦克风和扬声器后，单击“开始会议”按钮即可发起线上会议，如图 8-93 所示。

图 8-93

在会议界面右上角的参会人输入框中，输入成员名称可以邀请成员加入会议，成员收到提醒后可根据实际情况决定是否加入会议，如图 8-94 所示。

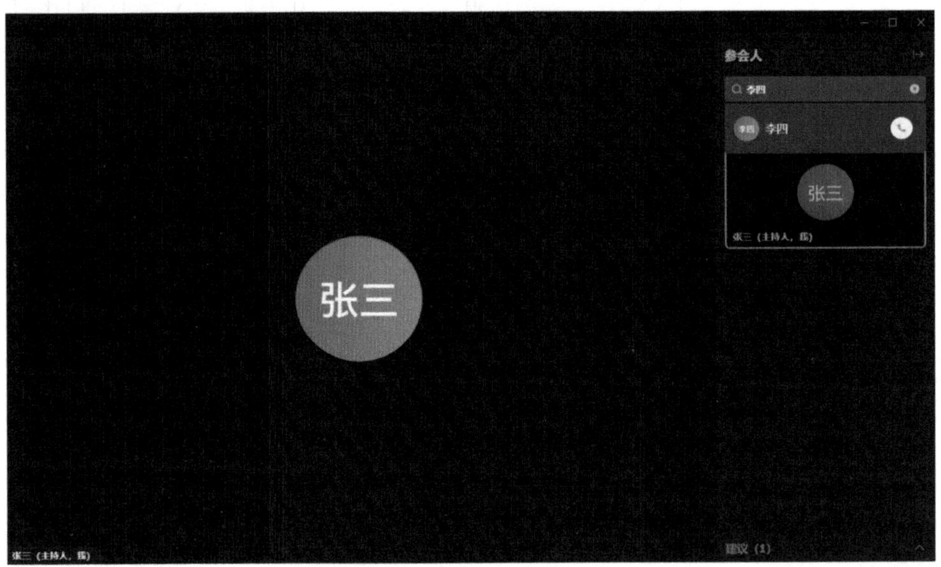

图 8-94

在飞书移动端单击企业群聊界面右上角的 ，在弹出的界面中设置好进入会议时是否开启麦克风、摄像头和扬声器后，单击“开始会议”按钮即可发起线上会议，如图 8-95 所示。

发起线上会议后界面下方自动弹出参会人窗口，可以单击“呼叫”按钮邀请团队成员加入会议，成员收到提醒后可以根据实际情况决定是否加入会议，如图 8-96 所示。

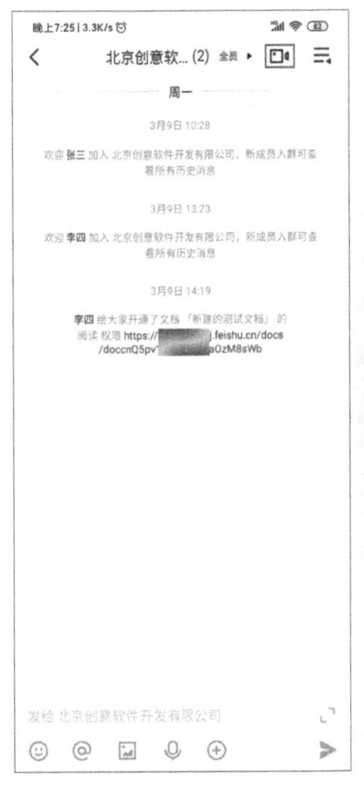

图 8-95

图 8-96

8.2.4 聊天信息管理

利用飞书提供的聊天工具可以进行更高效的沟通协作，保证工作能够顺利推进。

1 回复消息

飞书桌面端回复消息的方法有两种：一种是将光标移至消息，单击回复消息；另一种是将光标移至上，选择表情来进行回复，回复的表情显示在对方发布的消息上，不会出现新的聊天记录，避免聊天界面被无意义的回复刷屏，如图 8-97 所示。

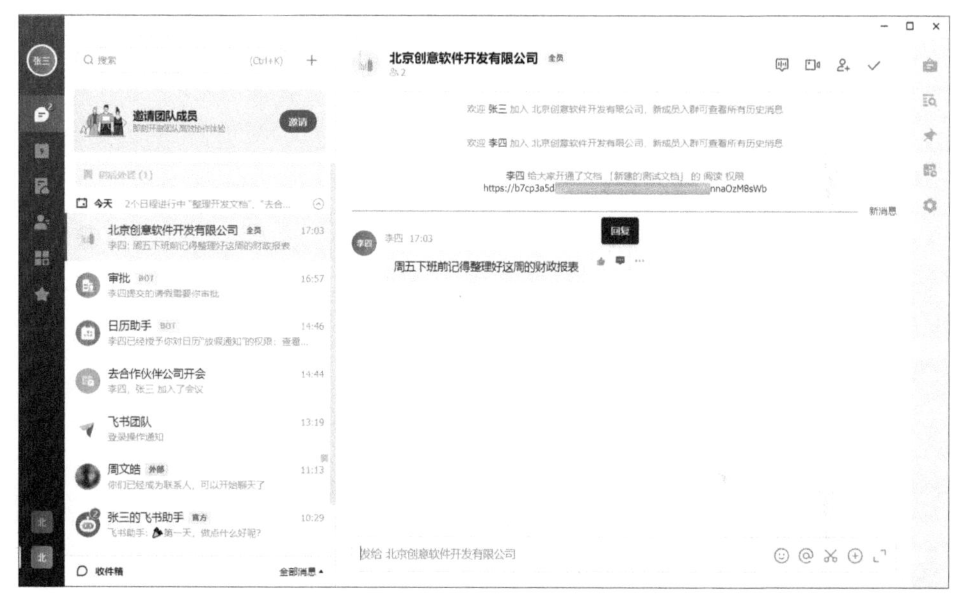

图 8-97

飞书移动端回复消息的方法与桌面端类似，长按消息，在弹出的菜单栏中单击回复即可回复消息或选择表情进行回复，如图 8-98 所示。

> **提示**
>
> 在飞书中将光标移至消息上可以看到消息右下角有个圆形，单击可以查看发出消息的已读和未读情况。

2 收藏重要消息

在飞书聊天界面中可以将重要消息收藏，避免遗忘。在飞书桌面端将光标

图 8-98

移至消息上，单击消息后的“…”按钮，在弹出的菜单栏中，单击“Pin”即可收藏重要消息，单击聊天界面的即可查看收藏的消息，如图 8-99 所示。

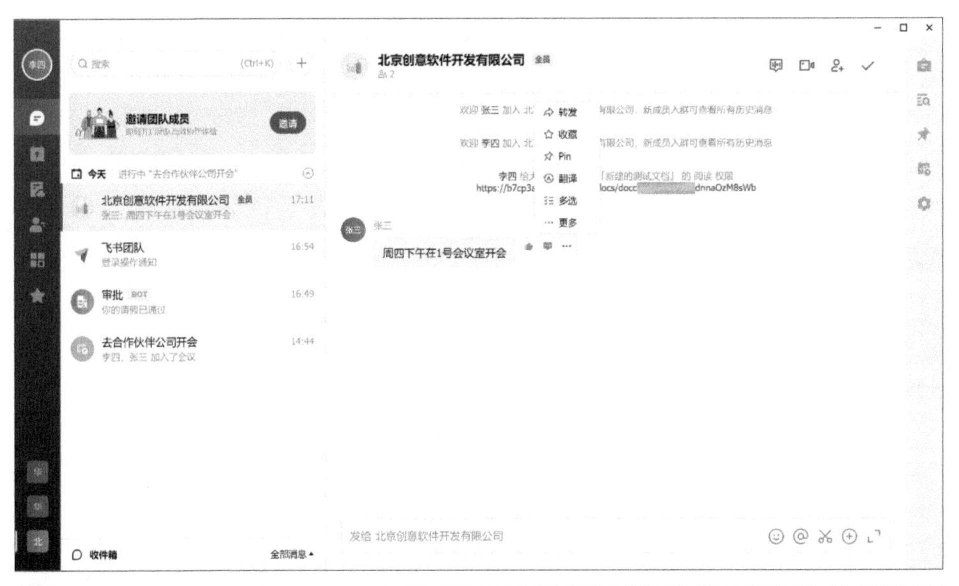

图 8-99

在飞书移动端长按聊天界面中的信息，在弹出的菜单栏中单击，即可收藏重要消息。单击聊天界面右上角的或将聊天界面向左滑，在弹出菜单中单击即可查看收藏的消息，如图 8-100 所示。

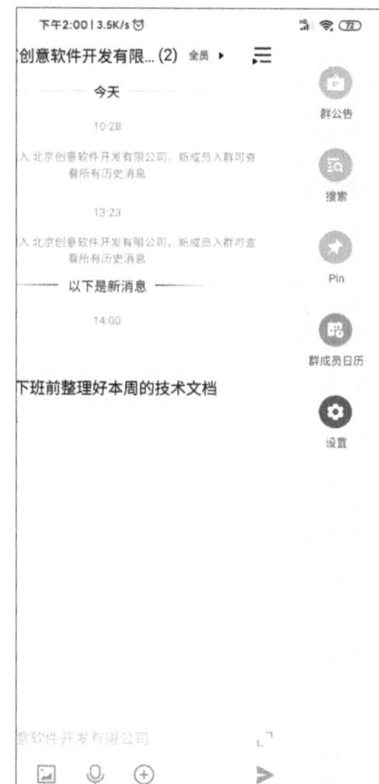

图 8-100

3 消息置顶

常用消息或比较重要的消息可以进行置顶。在飞书桌面端的聊天消息上单击鼠标右键，在弹出的菜单栏中，单击“添加到置顶”，即可将消息置顶，如图 8-101 所示。

在飞书移动端向左滑动消息块，单击“添加到置顶”，即可将聊天信息置顶，如图 8-102 所示。

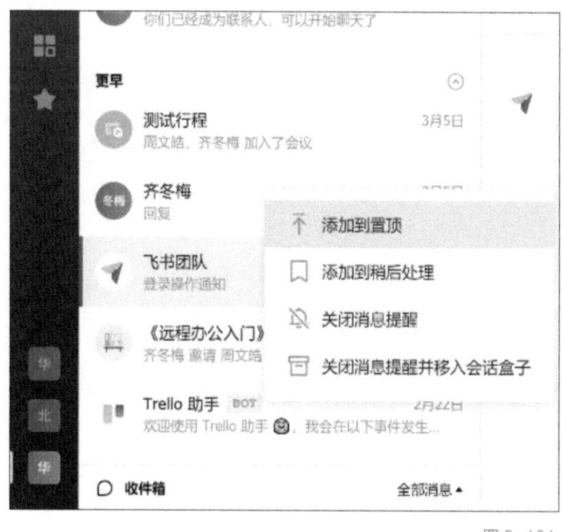

图 8-101

图 8-102

4 会话盒子

对于一些优先等级较低的群信息，可以将它们放置在会话盒子中，避免飞书在接收群消息时频繁发出提醒。在飞书桌面端单击聊天界面右侧的⚙，进入会话设置界面，单击打开会话设置界面的“添加到会话盒子”，即可将群消息添加到会话盒子，如图 8-103 所示。

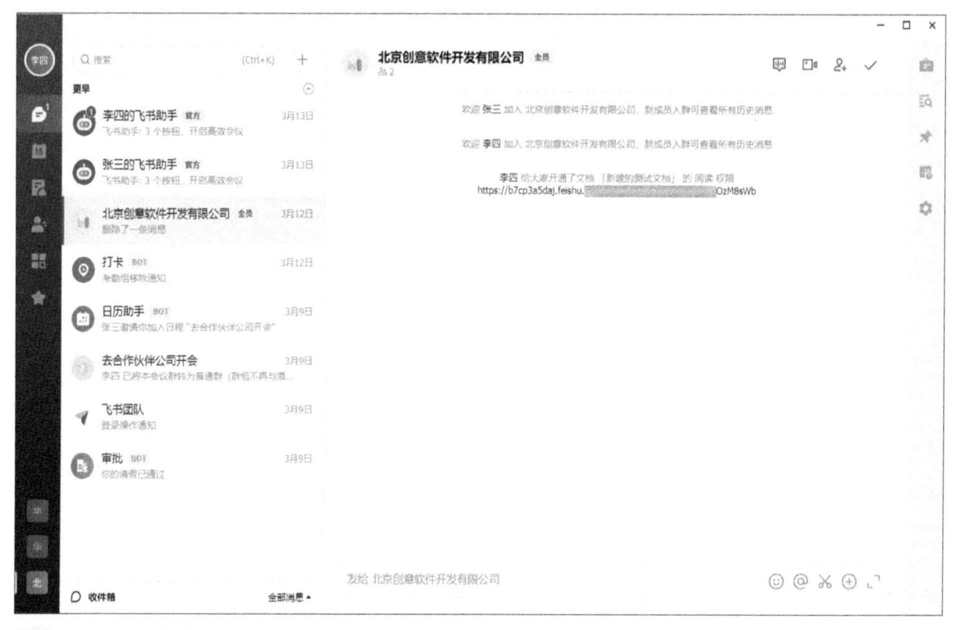

图 8-103

在飞书移动端单击聊天界面右上角的三，进入设置界面，单击打开“添加到会话盒子”，即可将群消息添加到会话盒子，如图 8-104 所示。

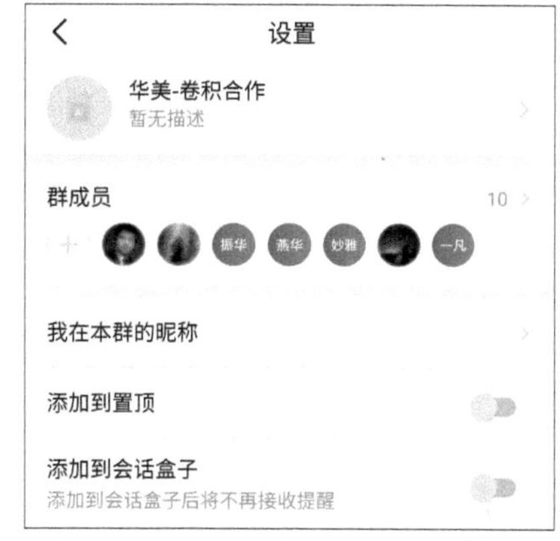

图 8-104

8.2.5 创建在线文档

在飞书中可以创建在线文档，在线文档可以实现多人协作、自动存储等功能，同时将文档资料转移到线上也为电脑释放了更多的存储空间。在飞书桌面端单击界面左侧的，进入云文档界面，将光标移至“新建”按钮上，在弹出的菜单栏中根据需求选择创建不同格式的文档，如图 8-105 所示。

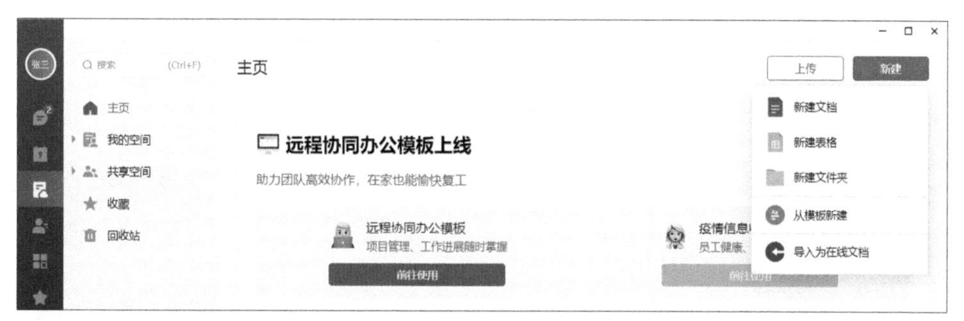

图 8-105

> **提示**
>
> 飞书的在线文档提供多种模板，用户在创建在线文档时界面下方会弹出选择模板的提示，根据需求单击即可使用模板，如图 8-106 所示。

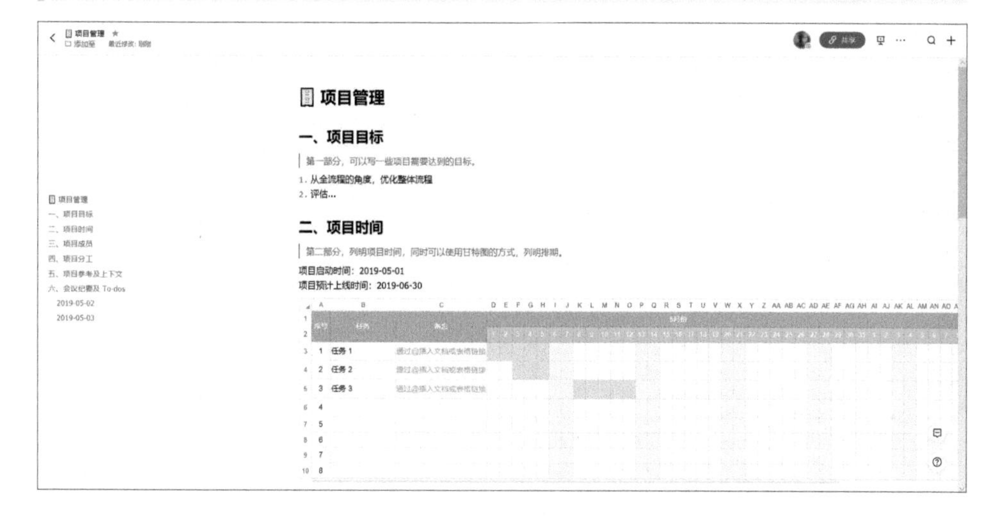

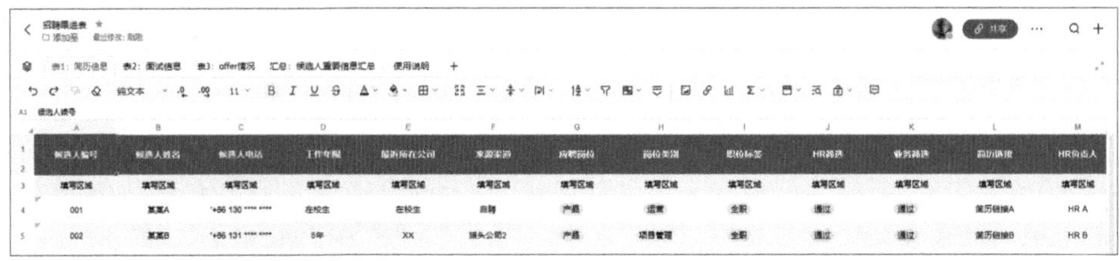

图 8-106

在飞书移动端单击界面底部的“云文档”按钮，进入云文档界面，单击云文档界面的“+”按钮，根据需求在弹出的窗口中选择创建不同格式的文档，如图 8-107 所示。

图 8-107

8.2.6 考勤打卡

考勤打卡功能需要管理员在飞书的 Web 端登录管理后台进行配置，并设置考勤组后才能使用。在飞书助手的聊天界面中单击⚙，进入飞书助手的设置界面，如图 8-108 所示。

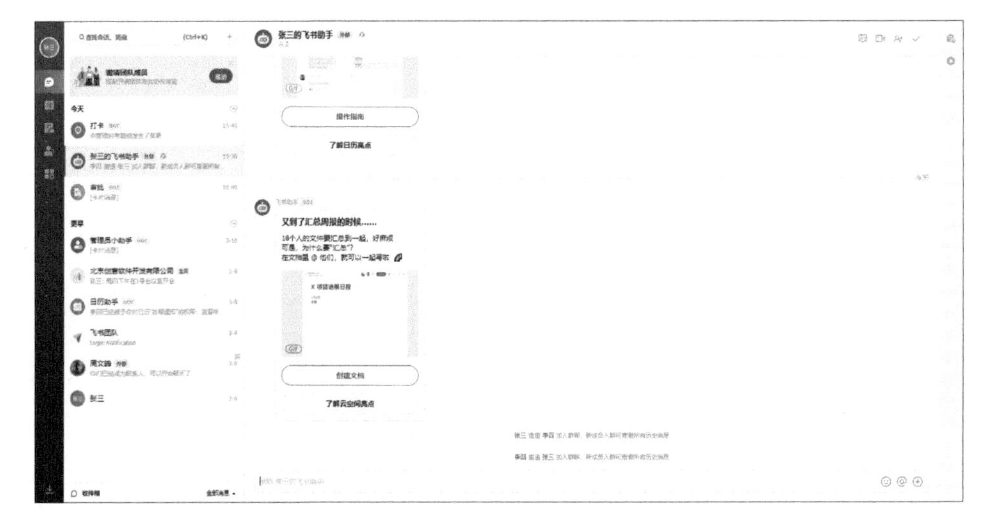

图 8-108

单击飞书设置界面的“添加群成员”按钮，在弹出的“添加群成员”对话框中，选择企业成员添加到飞书助手中，如图 8-109 所示。

图 8-109

将企业成员添加到飞书助手后，单击飞书界面右上角的用户头像，在弹出的窗口中，单击“管理后台”进入飞书的管理后台界面，如图 8-110 所示。

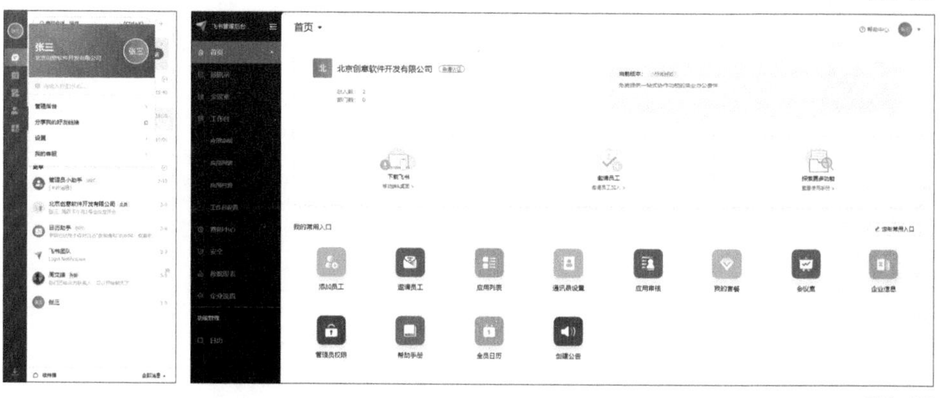

图 8-110

单击管理后台界面的“工作台”按钮后，在工作台的下拉菜单中单击“应用列表”按钮，进入应用列表界面，如图 8-111 所示。

在应用列表界面单击“打卡”按钮后，进入打卡设置界面，单击打卡设置界面的“打开管理后台”按钮，进入考勤组设置界面，单击界面右上角的“新建考勤组”按钮，在弹出的界面中设置参加考勤的部门和人员、考勤班次、考勤方式等信息，单击界面底部的“提交”按钮，即可创建一个考勤组，如图 8-112 所示。

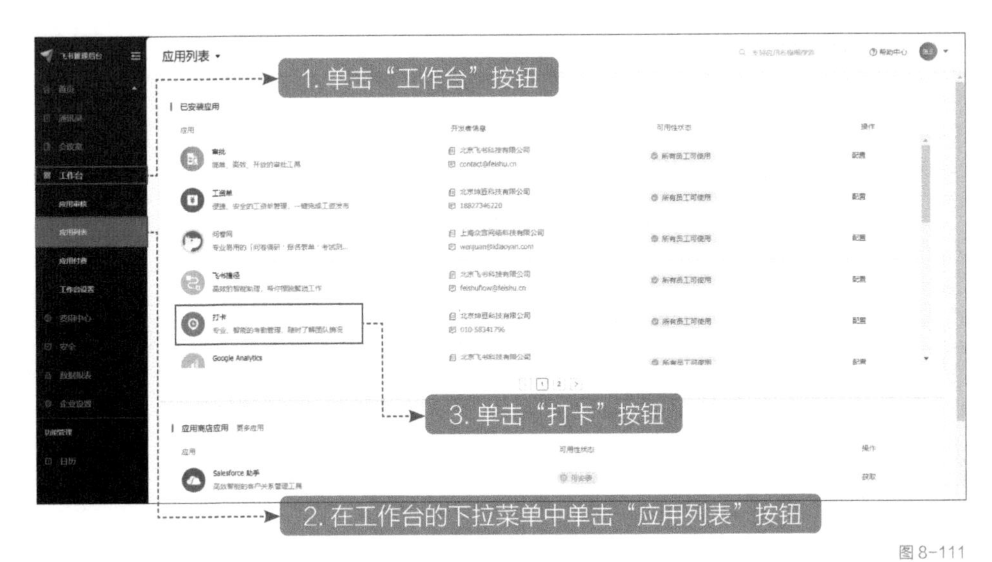

图 8-111

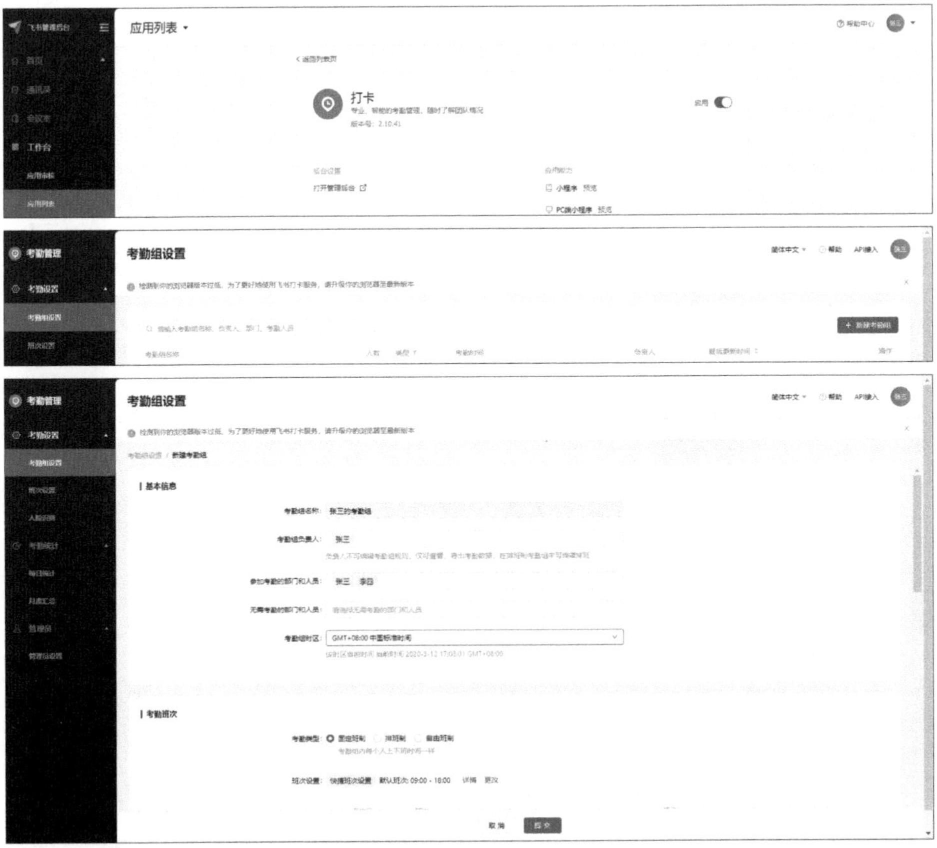

图 8-112

考勤组的成员在登录飞书移动端后，在工作台界面中单击“打卡”按钮，进入打卡界面，单击界面的“打卡”按钮即可进行考勤打卡，如图 8-113 所示。

8.2.7 云空间

飞书的云空间支持多种格式文件的上传、在线预览和协同管理。在飞书桌面端单击云文档界面右上角的“上传”按钮，即可将电脑本地的文件上传到飞书的云空间中，如图 8-114 所示。

图 8-113

图 8-114

在飞书移动端单击云文档界面的“＋”按钮，即可将手机上的文件上传到飞书的云空间中，如图 8-115 所示。

8.2.8 工作汇报

在飞书中可以把每天的工作成果写进汇报中，从而量化工作进度。在飞书桌面端单击工作台界面的“日报”按钮，进入汇报界面，如图 8-116 所示。

图 8-115

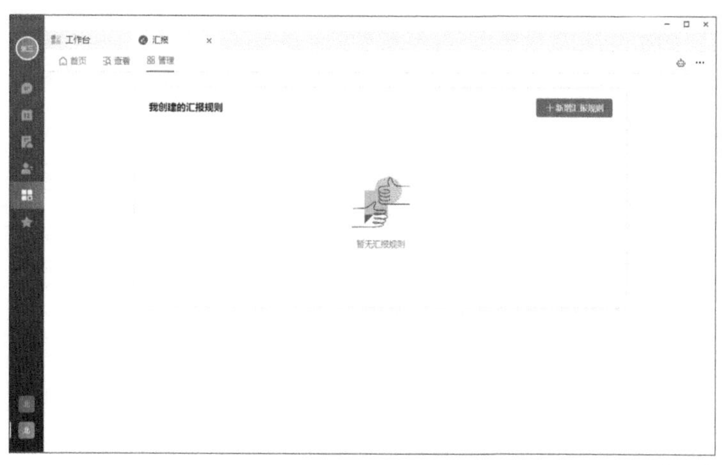

图 8-116

单击汇报界面右上角的“新增汇报规则”按钮，弹出“选择汇报类型”对话框，可以根据情况选择不同的汇报类型，这里以日报为例，单击 “日报”并单击“下一步”按钮即可开始写汇报，写完汇报后单击界面底部的“提交”按钮即可提交汇报，如图 8-117 所示。

图 8-117

在移动端单击工作台界面的“日报”按钮，进入创建日报界面，在创建日报界面中写好汇报的内容后，单击界面底部的“提交”按钮即可提交汇报，如图 8-118 所示。

图 8-118

8.2.9 日历

用户可以在日历中查看其他成员的繁忙状态，利用共同的空闲时间安排会议等，避免反复沟通。

1 创建日程

在飞书桌面端单击飞书界面的[10]，进入日历界面，单击日历界面的“ + ”按钮，进入创建日程界面，在创建日程界面中填写日程主题、开始和结束的时间、日程的详情等信息后，单击界面顶部的“保存”按钮即可创建日程，创建的日程将显示在日历界面中，如图 8-119 所示。

图 8-119

提示

如果两个人需要协作完成一个项目，可以邀请对方加入到日程中，日历上的记录会同步显示在对方的日历中，具体方法为在创建日程界面的“参与者”对话框中输入成员的姓名，即可邀请成员加入到日程中，如图 8-120 所示。

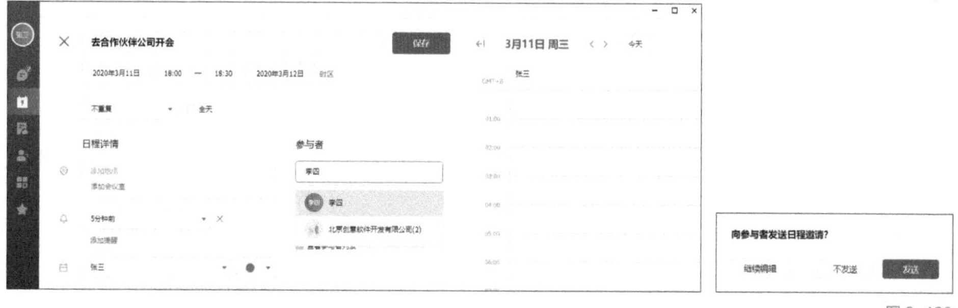

图 8-120

在飞书移动端单击界面底部的“日历”按钮，进入日历界面，单击日历界面的“+”按钮，进入创建日程界面，在创建日程界面中填写日程主题、开始和结束的时间、日程的详情等信息后，单击界面右上角的“保存”按钮即可创建日程，创建的日程会显示在日历界面中，如图 8-121 所示。

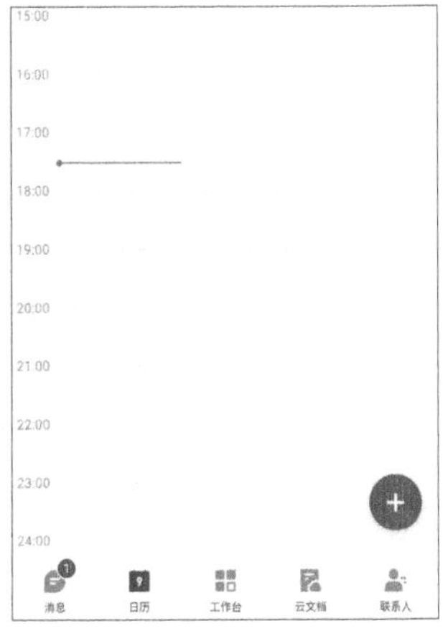

图 8-121

> **提示**
>
> 单击创建日程界面的“添加参与者”，进入组织架构界面，在组织架构界面根据情况选择成员，并单击界面右上角的“确定”按钮，即可将成员添加到日程中，如图 8-122 所示。

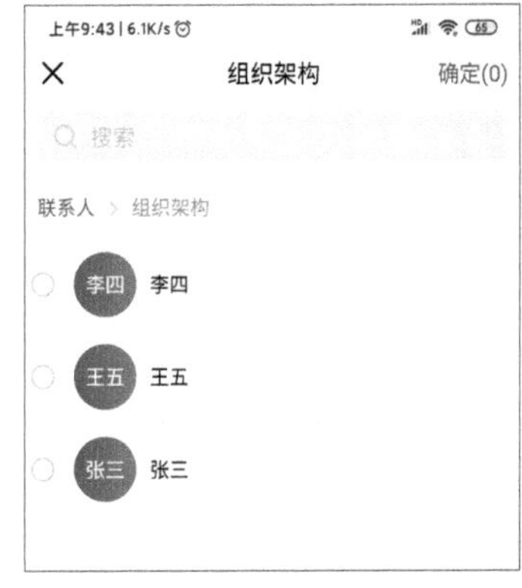

图 8-122

2 查看其他成员的日程

在飞书桌面端单击企业群聊界面右侧的 ，在弹出的群成员日历中即可查看其他成员的日程，如图 8-123 所示。

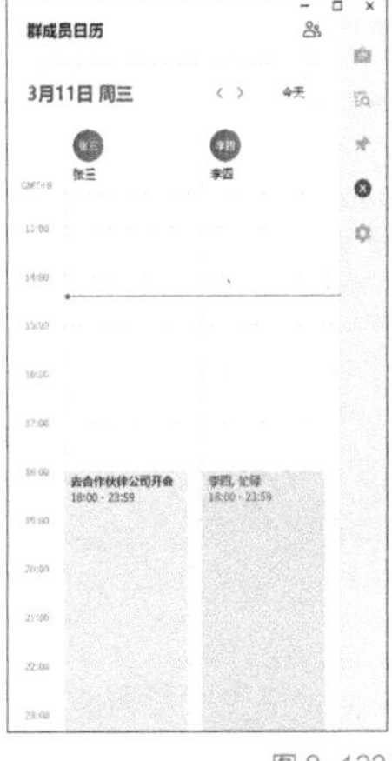

图 8-123

在飞书移动端单击企业群聊界面右上角的≡，在弹出的菜单中单击“群成员日历”按钮，进入日程界面，在日程界面即可查看成员的日程安排，如图 8-124 所示。

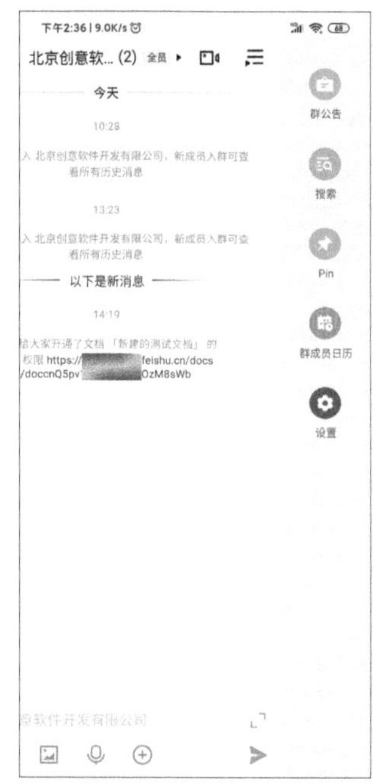

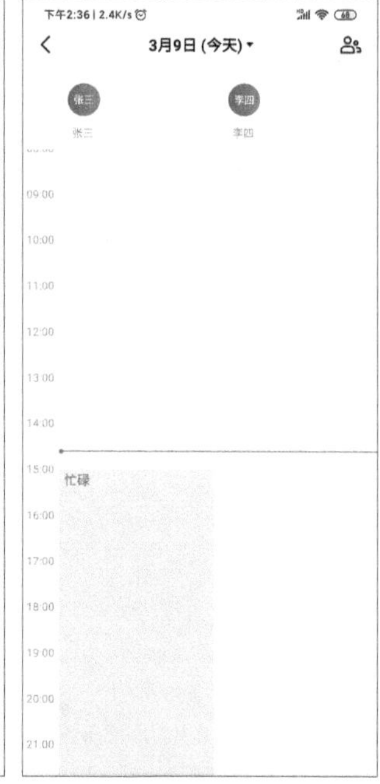

图 8-124

3 创建日程会议组

在邀请成员参加日程后，为了方便讨论可以创建一个会议组。在飞书桌面端单击日历界面中创建的日程，在弹出的窗口中单击，即可将参加日程的成员添加到一个会议群组，如图 8-125 所示。

图 8-125

在飞书移动端单击日历界面中创建的日程，进入日程详情界面单击，在弹出的对话框中单击“确定”按钮即可将参加日程的成员添加到一个会议群组中，如图 8-126 所示。

图 8-126

8.3 钉钉的应用场景

本应用场景主要以图书策划 boxer 在线上完成与作者的日常沟通和图书创作的整个过程为例，讲解如何使用钉钉在线上开创企业、沟通工作和管理人员。

8.3.1 开创线上公司

在开创线上公司的过程中需要使用到钉钉的创建团队、企业认证、邀请成员、企业群聊以及安排日程的功能。图书总策划 boxer 收到了 Adobe 官方授权培训中心创作一本 Photoshop 书的需求，经过一段时间的筹备后，图书总策划 boxer 找到了作者老钟和作者皓，由于作者老钟和作者皓长期在外地，日常的沟通协作都不是很方便，于是图书总策划 boxer 使用钉钉创建了线上企业，并邀请作者们加入企业中，作者们的线上写作之旅就此开始。

图书总策划 boxer 成功注册钉钉，创建线上团队，并进行企业认证，将企业命名为北京华美图书创作有限公司，简称华美，如图 8-127 所示。

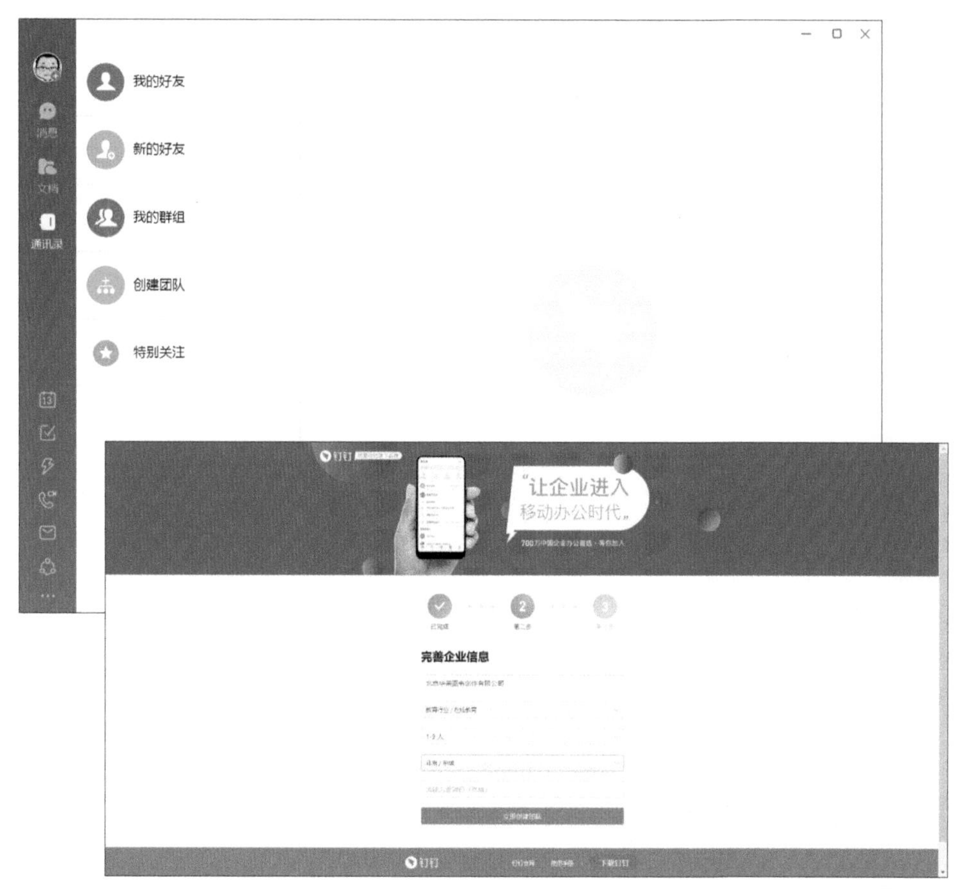

图 8-127

成功创建了华美的线上企业后，图书总策划 boxer 又马不停蹄地将 Photoshop 书的作者们添加到华美线上企业中，如图 8-128 所示。

图 8-128

Photoshop 书的作者全部加入了华美的线上企业后，图书总策划 boxer 在钉钉的企业群聊中为作者们布置了写作任务，如图 8-129 所示。

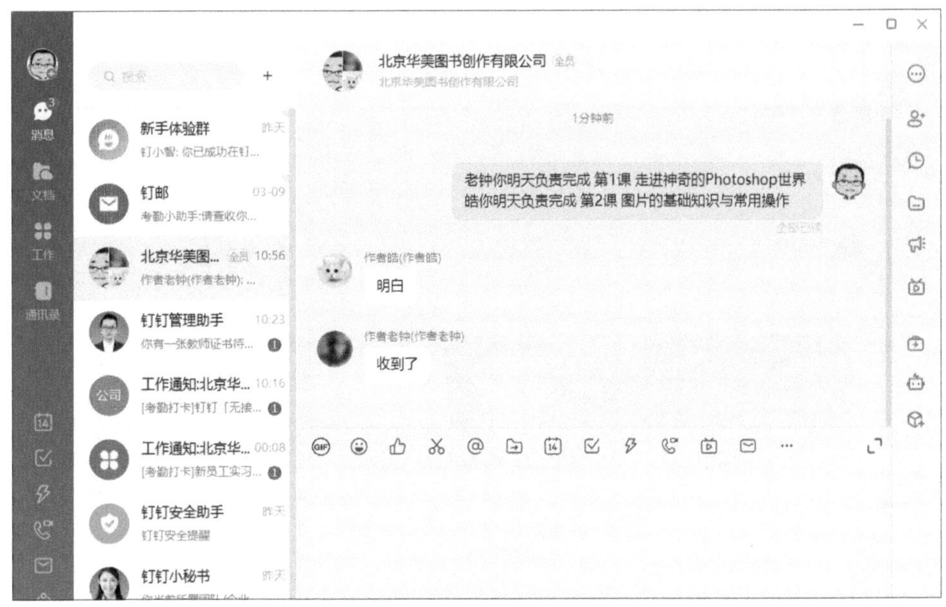

图 8-129

作者们在收到图书总策划 boxer 发布的写作任务后，将任务安排到了第二天的工作日程中，如图 8-130 所示。

扫描图 8-131 所示的二维码即可观看本案例的视频演示。

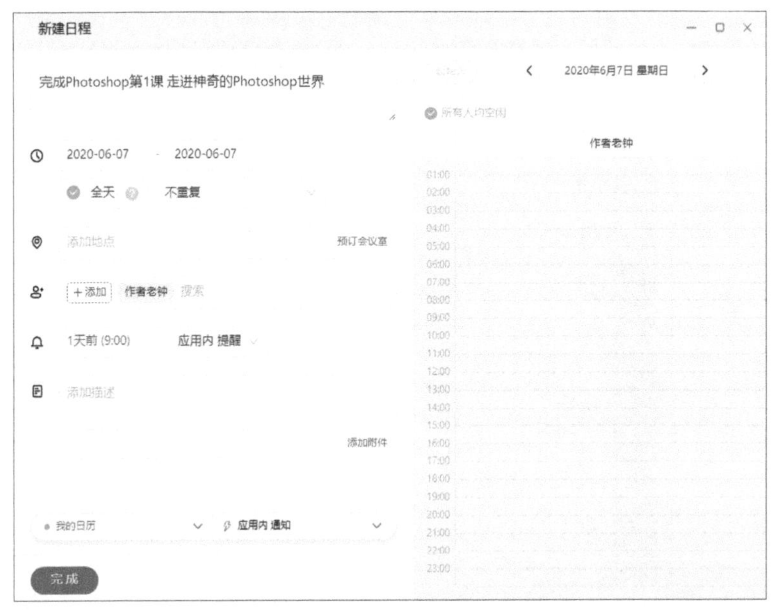

图 8-130

图 8-131

8.3.2 作者们的工作日常

安排好日程后作者们开始了线上编写稿件的工作日常，在此过程中使用到了钉钉的上班打卡、在线文档、云空间以及在线会议功能。Photoshop 书的作者们在收到图书总策划 boxer 发布的写作任务的第二天，在钉钉上开始了稿件编写以及日常的沟通工作。作者们使用了钉钉移动端上班打卡功能开启了一天的写作，图书总策划 boxer 看到了作者们的打卡信息后，也正式开始了自己一天的工作，如图 8-132 所示。

图 8-132

为了防止因为意外导致书稿文件丢失，作者们决定使用钉钉的在线文档进行写作，如图 8-133 所示。

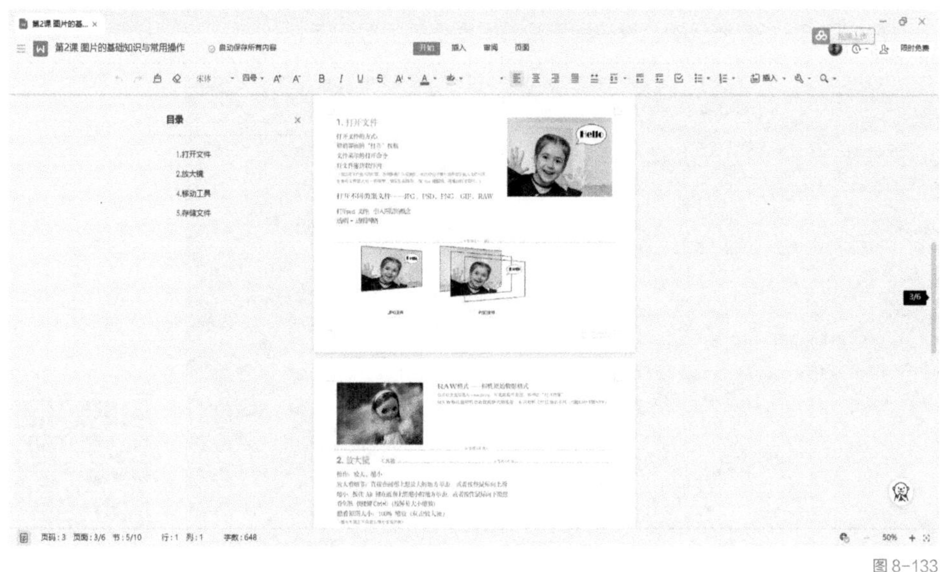

图 8-133

一天的工作结束后，作者们将工作成果写在日志中，向图书总策划 boxer 汇报自己的写作进度，如图 8-134 所示。

图 8-134

经过一周的工作后，图书总策划 boxer 对作者们的工作成果都非常满意，于是在企业群聊中发起了线上会议，总结作者们一周的工作成果，并对作者们取得的阶段性成果给予肯定，如图 8-135 所示。

扫描图 8-136 所示的二维码即可观看本案例的视频演示。

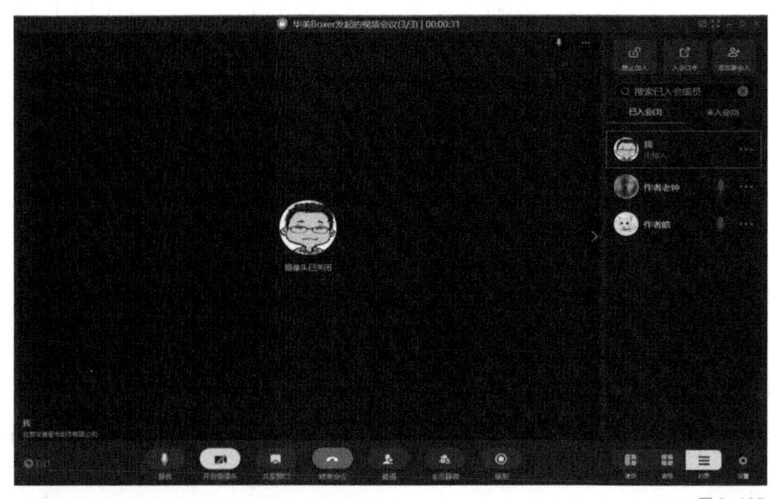

图 8-135

图 8-136

8.3.3 企业子管理员

为了能让产品在激烈的市场竞争中取得优势，Adobe 对图书总策划 boxer 和他的写作团队提出了更高的要求，于是图书总策划 boxer 为华美找来了两个新成员，它们分别是设计师小王和管理员小李，设计师小王负责制作图书的封面以及详情页，管理员小李则负责协助成员完成工作的交接，以及明确每个成员的分工，图书总策划 boxer 将管理员小李设置为华美线上企业的子管理员，如图 8-137 所示。

扫描图 8-138 所示的二维码即可观看本案例的视频演示。

图 8-137

图 8-138

8.3.4 管理员小李的管理工作

管理员小李在被图书总策划 boxer 设置为华美线上企业的子管理员后，使用钉钉子管理员的管理权限正式开始了自己在华美第一天的管理工作。

为了能够明确每一位成员的分工，管理员小李根据成员们的职位创建了设计部和写作部，并将成员调整到对应的部门中，如图 8-139 所示。

图 8-139

管理员小李为了保护各部门之间成员的个人隐私，在管理后台中开启了限制成员查看通讯录功能，部门成员只能看到指定部门和人的通讯录，如图 8-140 所示。

扫描图 8-141 所示的二维码即可观看本案例的视频演示。

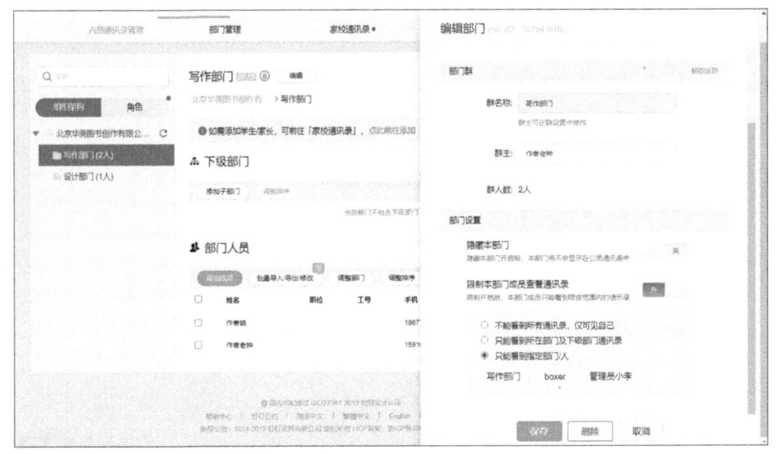

图 8-140

图 8-141

8.3.5 日常的管理工作

使用钉钉的智能人事功能可以为员工线上办理入职手续和转正。为了加快 Photoshop 图书的创作进度，图书总策划 boxer 招聘小新成为华美的实习生，并将小新分配到了设计部和设计师小王一起负责图书的封面和详情页制作工作，在收到图书总策划 boxer 的消息后，管理员小李为实习生小新办理了入职手续，如图 8-142 所示。

由于实习生小新在华美实习时工作认真、表现出色，于是图书总策划 boxer 决定让实习生小新正式加入华美，成为华美团队中的一员。在收到图书总策划 boxer 的消息后，管理员小李为实习生小新办理了转正手续，如图 8-143 所示。

扫描图 8-144 所示的二维码即可观看本案例的视频演示。

图 8-142

图 8-143

图 8-144

8.3.6 请假申请

在日常工作中员工可能会因为其他事情需要请假，使用钉钉的事件审批功能可以进行线上请假。作者老钟因为今天家里有事，无法正常地进行写作工作，于是在钉钉上向图书总策划 boxer 提出了请假申请，图书总策划 boxer 在收到了申请信息后，同意了作者老钟的请假申请，如图 8-145 所示。

图 8-145

扫描图 8-146 所示的二维码即可观看本案例的视频演示。

图 8-146

8.4 远程办公软件的综合应用场景

本应用场景综合运用书中讲到的一些远程办公软件，展现《Adobe Photoshop 国际认证培训教材》这本书从策划到完稿的整个流程。

为了方便沟通，图书总策划 boxer 在飞书中创建《Adobe Photoshop 国际认证培训教材》图书项目群，邀请了参与制作本书讲义、视频和书稿的所有成员，包括作者老钟、作者宽和编辑妙雅。

图书总策划 boxer 将选题策划方案发到群里，并 @ 相应的人分配不同的任务，如图 8-147 所示。

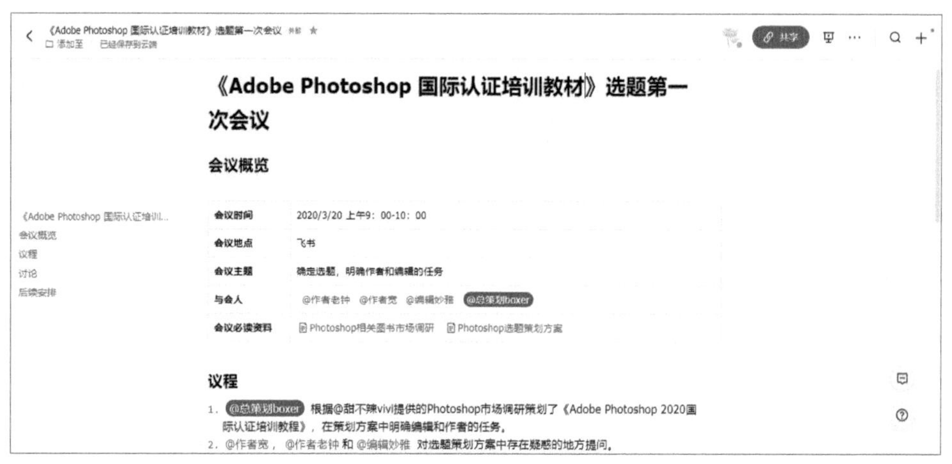

图 8-147

作者宽和作者老钟按照图书总策划 boxer 分配的任务，完成了目录并将其在飞书中转为在线文档，分享到项目群中，将文档权限设置为“可编辑”。编辑妙雅在文档中对目录提出建议帮助作者优化目录，如图 8-148 所示。

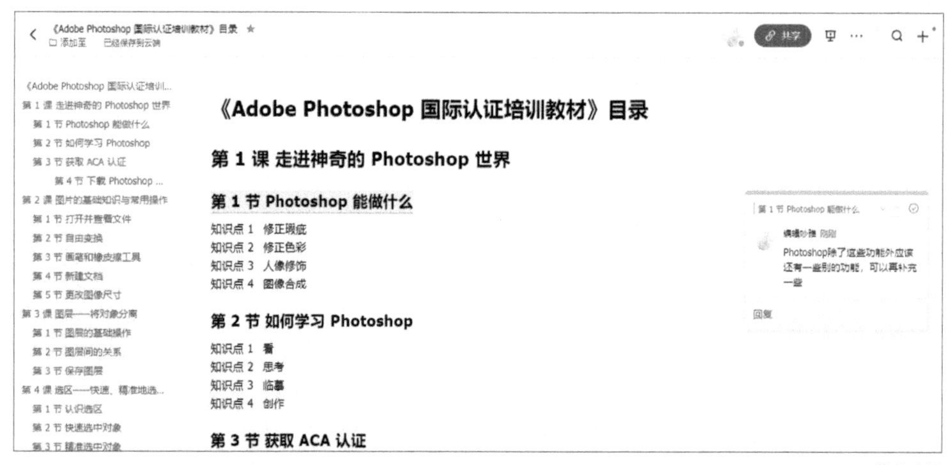

图 8-148

确定目录后编辑妙雅和两位作者在项目群中讨论制作讲义和案例的标准，并随时对制作过程中出现的问题进行沟通和改进。作者宽和作者老钟在制作完成讲义和案例文件后将所有文件压缩并上传到奶牛快传，将链接分享给编辑妙雅。编辑妙雅在确定讲义和案例没问题后，在每周例会上与两位作者讨论录制图书配套视频的标准和计划，通过在线文档形成会议记录，如图 8-149 所示。

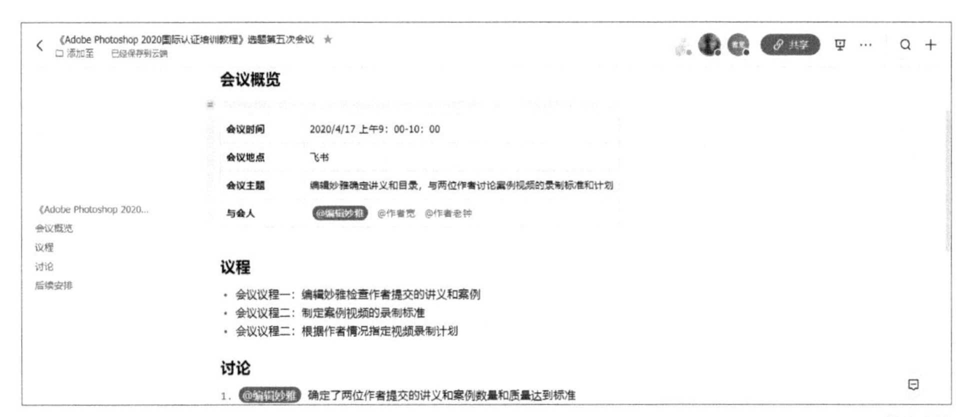

图 8-149

两位作者根据会议讨论结果开始录制视频，录制完成后将视频上传到奶牛快传中，并将链接放到视频录制计划表中，供编辑下载，如图 8-150 所示。

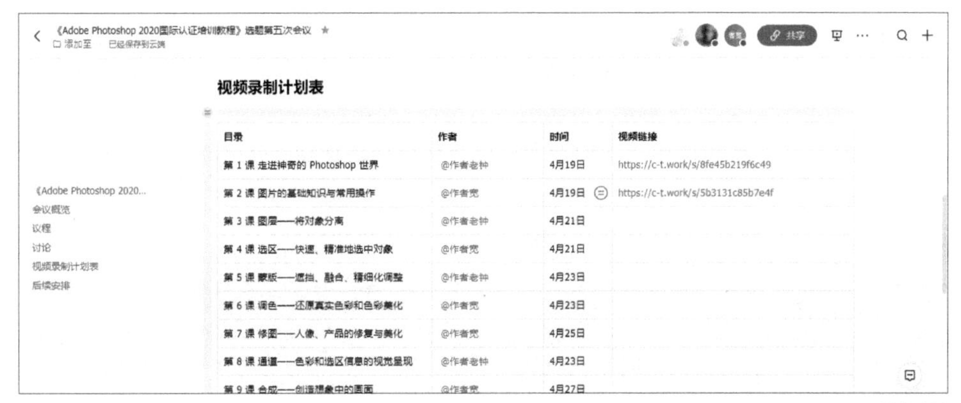

图 8-150

按照计划录制完所有视频后，作者选择目录中最典型的一章开始编写样章，完成后上传到在线文档，编辑通过在线文档对其进行编辑加工，对存在的问题进行评论，如图 8-151 所示。

图 8-151

编辑妙雅在加工完样章后与两位作者约定了一个时间进行线上会议，讨论样章中出现的重复问题，为作者制定统一的写作规范，如图 8-152 所示。

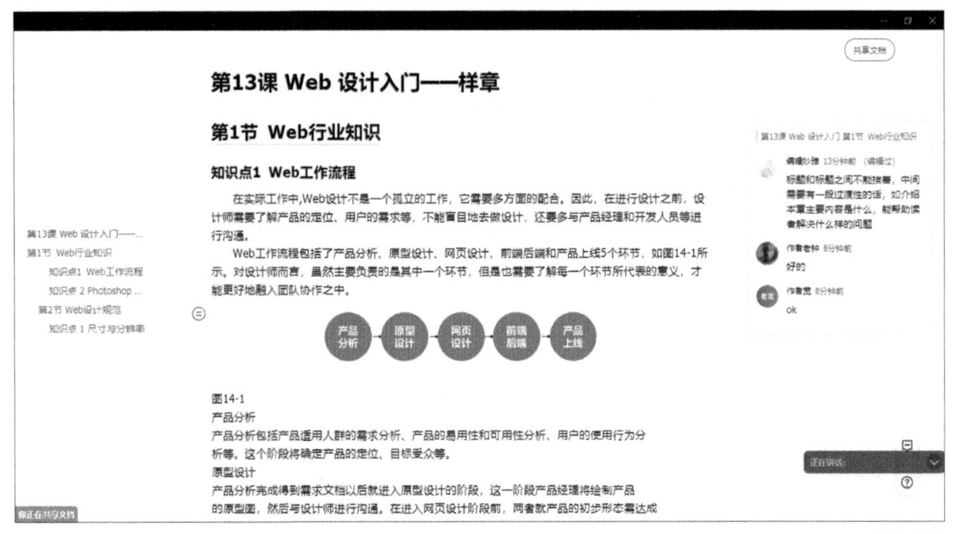

图 8-152

完成样章后，编辑妙雅与两位作者讨论完成书稿的计划，编辑妙雅将计划整理在 Trello 中并明确每一章的负责人和交稿的截止时间，整体把握书稿的完成进度，如图 8-153 所示。

图 8-153

在后续的工作过程中编辑妙雅与两位作者通过在线文档完成每一章的编写和编辑加工工作，最终按照计划完成整本书内容的编写，交到出版社等待书的出版。